全球化、海洋生態與
國際漁業法發展之新趨勢

王冠雄／著

專有名詞縮寫表

縮寫	英文原稱
Antigua Convention	Convention for the Strengthening of the Inter-American Tropical Tuna Commission Established by the 1949 Convention between the United States of America and the Republic of Costa Rica
CCAMLR	Commission on the Conservation of Antarctic Marine Living Resources
CCSBT	Commission for the Conservation of Southern Bluefin Tuna
Compliance Agreement	Agreement to Promote Compliance with International Conservation and Management by Fishing Vessels on the High Seas
EU	European Union
FAO	Food and Agriculture Organization
FFA	Pacific Islands Forum Fisheries Agency
Fish Stocks Agreement	Agreement for the Implementation of the Provisions of the United Nations Convention on the Law of the Sea of 10 December 1982 Relating to the Conservation and Management of Straddling Fish Stocks and Highly Migratory Fish Stocks
IATTC	Inter-American Tropical Tuna Commission

ICCAT	International Commission for the Conservation of Atlantic Tunas
ICJ	International Court of Justice
IMF	International Monetary Fund
IOTC	Indian Ocean Tuna Commission
IPOA-Capacity	International Plan of Action for the Management of Fishing Capacity
IPOA-IUU	International Plan of Action to Prevent, Deter, and Eliminate Illegal, Unreported and Unregulated Fishing
IPOA-Seabirds	International Plan of Action for Reducing Incidental Catch of Seabirds in Long-line Fisheries
IPOA-Sharks	International Plan of Action for the Conservation and Management of Sharks
IUCN	International Union for Conservation of Nature and Natural Resources
IUU	Illegal, Unreported and Unregulated Fishing
IWC	International Whaling Commission
NAFO	Northwest Atlantic Fisheries Organization
NASCO	North Atlantic Salmon Conservation Organization
NEAFC	North-East Atlantic Fisheries Commission
OECD	Organization for Economic Co-operation Organization and Development
Port State Measures Agreement	Agreement on Port State Measures to Prevent, Deter and Eliminate Illegal, Unreported and Unregulated Fishing, Port State Measures Agreement

PPI	Progressive Policy Institute
Rio Declaration	Rio Declaration on Environment and Development
UN	United Nations
UNCED	United Nations Conference on Environment and Development
UNEP	United Nations Environment Program
UNFCCC	United Nations Framework Convention on Climate Change
WCED	World Commission on Environment and Development
WCPFC	Western and Central Pacific Fisheries Commission
WSSD	World Summit on Sustainable Development
WTO	World Trade Organization
WWF	World Wildlife Fund

目　次

第一章　導言：公海捕魚自由面臨的挑戰

第一節　前言

荷蘭法學家格勞秀斯（Hugo Grotius）在其 1609 年的著作「海洋自由論」（Mare Liberum）中主張海洋係屬於共有物，應為全人類共有，任何人均不能對海洋主張所有權，因此其地位應保持在原本之型態，屬於全人類所共有，而自然開放予全人類使用，易言之，海洋無法且不可成為一國的財產，因為海洋是商業的通路，而且海洋亦無法經由佔領而產生擁有的結果。因此，就其本質來說，海洋絕對無法成為一國的主權行使之地，「海洋自由論」在十八世紀後為近代各國所接受，因而形成「公海自由原則」之理論基礎。[1]在當時，格勞秀斯的論點激起了對於海洋主權歸屬的爭論，[2]一直到了大約兩世紀之後，也就是在十九世紀時，公海自由的原則才獲得確定，並且有廣泛的國際實踐予以支持。[3]

---

1 Sir Robert Jennings and Sir Arthur Watts, eds., *Oppenheim's International Law*, Vol. 1, Parts 2 to 4, 9th Edition（London and New York: Longman, 1992）, p. 721; R. R. Churchill and A. V. Lowe, *The Law of the Sea*（Manchester University Press, 1999）, p. 204.

2 對格勞秀斯論點反對最烈的為雪爾頓（John Seldon）的「海洋封閉論」（Mare Clausum），見 Jennings and Watts, eds., *ibid*.

3 在這段期間中，公海自由已成為國際上盛行的觀念。見 R. P. Anand, *Origin and Development of the Law of the Sea*（The Hague: Martinus Nijhoff Publishers, 1983）, pp. 232-233; Jennings and Watts, *ibid*., p. 722, § 279.

而自1958年聯合國第一次海洋法會議所制訂的「公海公約」（Convention on the High Seas）到1982年聯合國海洋法公約（United Nations Convention on the Law of the Sea, 簡稱「海洋法公約」（UNCLOS））的完成，公海自由的內容有了明顯的改變。1958年日內瓦公海公約第2條中所指之公海自由包括：航行自由、捕魚自由、敷設海底電纜與管線之自由、和公海上空飛行之自由。而在1982年聯合國海洋法公約第87條所指之公海自由項目除了前述四項之外，尚且增加了兩項自由，分別為建造國際法所容許的人工島嶼和其他設施的自由，以及科學研究的自由。由公海自由項目改變來看，似乎會予人公海自由的內容更加寬廣，但吾人需要注意的是，兩份公約中均明白指出這些公海自由的行使都必須要能「適當顧及其他國家行使公海自由的利益」，[4]這就明白顯示出公海自由的行使並非毫無限制，相對的，條文中對於公海自由項目的規範愈多，其所代表的意義係為增加更多的拘束。

回顧海洋法的發展，由對距離概念的擴張管轄權（例如領海寬度擴大到十二浬，[5]和二百浬專屬經濟區[6]或專屬漁業區的成立），到針對魚種概念的功能性管轄（例如跨界與高度洄游魚種的養護與管理）和對公海中某些漁法的限制（例如流網的使用），均顯示出不只是公海的面積在減少，且公海捕魚自由的內容也受到持續增加的限制。而就捕撈及養護公海漁業資源的層面來看，公海漁業國並非決定者；相反地，沿海國卻扮演著決定性的角色。[7]

---

4 1958年日內瓦公海公約第2條第2款，1982年聯合國海洋法公約第87條第2款。

5 海洋法公約第3條。

6 海洋法公約第五部份。

7 William T. Burke, M. Freeberg, and E. L. Miles, "United Nations Regulations on Driftnet Fishing: An Unsustainable Precedent for High

這種角色的變動，亦適足以反映出公海捕魚自由實質內容的變化。

較之於國際公法中其他領域的變化，近二十餘年來國際漁業法的發展，特別是在公海漁捕此一特定領域的演進有著明顯的表現，作者認為此種演進的推動力來自於現代社會對於海洋生態環境的重視以及海洋生物資源的保育，和魚產品全球化貿易所造成的影響。因此，本書將以此兩股力量作為切入點，對於當前國際漁業法的發展進行剖析。

第二節　公海捕魚受到的限制

早在 1958 年的日內瓦公海公約中，就已經定出捕魚自由是公海自由中的一個重要項目，而 1982 年海洋法公約第 87 條又再度強調了這項早已成為習慣國際法中的重要原則。所有國家的國民都享有捕魚自由，這也同時表示所有國家均有權利分享公海中所有的資源。但是海洋法公約第 87 條第 2 款同時清楚地載明六項公海自由的行使，必須要「適當顧及（due regard）」其他國家行使公海自由的利益，而且公海捕魚自由也受到海洋法公約第七章第二節的限制。這些限制明定於第 116 條中：

> 所有國家均有權由其國民在公海上捕魚，但受下列限制：
> (a) 其條約義務；
> (b) 除其他外，第 63 條第 2 款和第 64 至第 67 條規定的沿海國的權利、義務和利益；和
> (c) 本節各項規定。

Seas and Coastal Fisheries Management", *Ocean Development and International Law*, Vol. 25 (1994), pp. 132-133.

根據本條的規定，公海捕魚自由受到兩方面的限制：第一，「所有國家均有權由其國民在公海上捕魚」明白地指出了公海捕魚自由的特性。但是這並不保證捕魚作業可在任何區域及任何時間中進行，這種自由仍須受到條約義務及海洋法公約中某些條款的約束；第二，規定在第（b）款中的魚種亦為公海捕魚的限制之一，這些魚類種群包括了跨界魚群（63 條 2 款）、高度洄游魚種（64 條）、海洋哺乳動物（65 條）、溯河產卵種群（66 條）和降河產卵種群（67 條），因此公海捕魚自由並非是毫無限制的。[8]而由國際間的實踐來看，加諸於公海捕魚自由的限制有對魚種的限制、公海捕魚漁具漁法的限制和作業漁區的限制等項目。

國際漁業的發展與公海捕魚之間有著不可分割的關係，就公海捕魚自由的發展來看，公海捕魚是公海自由中最古老的自由之一，然而發展至今卻出現以下的變化：

一、公海捕魚漁法的限制

對於漁具漁法的限制可以由1980年代末期禁止使用大型流網（large-scale driftnet）的例子加以說明。[9]流網的使用具有成

---

[8] William T. Burke, *The New International Law of Fisheries: UNCLOS 1982 and Beyond*(Oxford: Clarendon Press, 1994), p. 95; Ellen Hey, *The Regime for the Exploitation of Transboundary Marine Fisheries Resources*（Dordrecht: Martinus Nijhoff Publishers, 1989）, pp. 53-68.

[9] 關於公海流網的使用及禁絕問題，曾有許多的學者加以討論，以下僅舉其中大要者：Simon P. Northridge, *Driftnet Fisheries and Their Impacts on Non-Target Species: A Worldwide Review*, FAO Fisheries Technical Paper, No.320(Rome: FAO, 1991); D. M. Johnston, "The Driftnetting Problem in the Pacific Ocean: Legal Considerations and Diplomatic Options", *Ocean Development and International Law*, Vol. 21(1990), p. 5; Song Yann-Huei, "United States Ocean Policy: High Seas Driftnet Fisheries in the North Pacific Ocean", *Chinese Yearbook of International Law and Affairs*, Vol. 11

本低、操作容易、與捕獲量大等優點，在短期之內受到許多公海漁業國的歡迎。但是這種漁法也招致許多的批評，常見的負面批評有：對於捕獲物無選擇性，因此常有許多的意外捕獲物（by catch），例如鯊魚、海豚、海龜、海鳥等；由於其為不會自然分解的尼龍製品，斷落的片段漁網在沈入海底後無法分解，造成海洋環境的污染；同時長度過長的網具往往造成經過船隻的障礙，而產生絞網的後果。這些對於環境所造成的影響遂匯聚成 1980 年代末期，由區域國家發起乃至全球一致禁止使用大型流網的巨大聲浪。

1989 年 5 月，北太平洋國際漁業委員會（International North Pacific Fisheries Commission）[10]的會員國同意經由派駐隨船觀察員、限制流網漁船數目、限制漁區與漁季等方式，藉以控制日本的流網漁業。同一年內，台灣、日本、以及韓國也分別與美國簽訂北太平洋流網協定，[11]限制了這三國流網漁業在北太平洋區域的發展。

1989 年 7 月，南太平洋論壇（South Pacific Forum）通過了塔拉瓦宣言（Tarawa Declaration），[12]在宣言中表示流網的使用「與國際法律要求對公海漁業養護和管理的權利及義務不相符

（1993）, p. 64; Burke, et. el., *supra* note 7, p. 127.

10 簡稱 INPFC，該委員會係加拿大、日本與美國於 1952 年經由簽訂「北太平洋公海漁業國際公約（International Convention for High Seas Fisheries of the North Pacific Ocean）」而設立。INPFC 已於 1993 年因加拿大、日本、俄羅斯與美國簽訂 Convention for the Conservation of Anadromous Stocks in the North Pacific Ocean 並成立之 The North Pacific Anadromous Fisheries Commission（NPAFC）而告解散。

11 United States, "Gist: High-Seas Driftnet Fishing", US Department of State Dispatch(Washington DC: U.S. Government Printing Office, 1992), p. 783.

12 Tarawa Declaration, text reprinted in *Law of the Sea Bulletin*, Vol. 14 (December 1989), pp. 29-30.

合」，因此論壇尋求在南太平洋設立一個禁止流網的區域，藉此做為全面禁止的起點，並呼籲簽訂公約以成立一個無流網的區域。

在塔拉瓦宣言的刺激之下，同年 11 月 23 日，一項名為「禁止在南太平洋使用大型流網捕魚之威靈頓公約」（Wellington Convention for the Prohibition of Fishing with Long Drift Nets in the South Pacific）開放簽署，該公約並於 1991 年 5 月 17 日生效。[13]該公約不僅將流網定義為長度超出 2.5 公里的流網網具，更將流網漁業的內涵定義為所有關於流網漁業的活動，包括了所有對流網漁船的支援行為，例如為流網漁船所用的電子集魚設備、魚貨的運搬和卸貨等。[14]

而在聯合國的行動方面，聯合國大會分別在 1989 年 12 月 22 日通過第 44／225 號決議、[15]1990 年 12 月 21 日大會通過第 45／197 號決議、以及在 1991 年 12 月 20 日通過第 46／215 號決議，[16]呼籲各國在 1992 年 12 月 31 日前實施全球禁用流網。

肇始於國家的單獨行動，進而發展為區域性的團結行動，再至建立全球性的禁用流網整合行動，這一系列的發展及演變，已經明顯地展現了對於公海中使用漁具漁法的限制。

---

[13] Convention for the Prohibition of Fishing with Long Driftnets in the South Pacific（Wellington Convention）, text reprinted in *International Legal Materials*, Vol. 29（1990）, p. 1449; Final Act to the Wellington Convention, text reprinted in *International Legal Materials*, Vol. 29（1990）, p. 1453; Protocol 1 to the Wellington Convention reprinted in 29 *International Legal Materials*（1990）, p. 1462; Protocol 2 to the Wellington Convention reprinted in 29 *International Legal Materials*（1990）, p. 1463.

[14] Wellington Convention, Article 1.

[15] UN Doc. A/C.2/44/L.81, 22 December 1989.

[16] United Nations General Assembly Resolution on Large-Scale Pelagic Driftnet Fishing and Its Impact on the Living Marine Resources of the World's Oceans and Seas, reproduced in *International Legal Materials*, Vol. 31（1992）, p. 241.

二、公海捕魚魚種的限制

自 1980 年代中期始，對於公海漁業的管理已成為國際間一項重要的課題。這種現象的產生主要是因為對鄰接海域管轄權擴張的結果，使得漁業活動必須持續性地移往離岸較遠的公海區域中。然而，在公海中所捕獲的魚類卻可能對沿岸國專屬經濟區中的養護與管理措施產生不良的影響，這種現象特別集中在對於跨界魚群（straddling stocks）和高度迴游魚種（highly migratory species）兩類海洋生物之上。根據海洋法公約的規定，跨界魚群是指同時出現在一國專屬經濟區內外的魚群；[17]至於高度迴游魚種，於海洋法公約中則並無明確的定義，僅在該公約的附錄一中以條列的方式，訂出了十七種魚類為高度迴游魚種。由於這些跨界與高度迴游魚種成長週期中的活動範圍涵蓋了多個國家的管轄範圍以及公海，使得沿海國因為在其管轄範圍內的專屬經濟海域或專屬漁業區等功能性管轄範圍內出現該種魚群，並且制訂若干養護與管理的措施，進而使得遠洋漁業國在公海上的漁捕行為受到規範與限制。[18]而此種針對公海中捕撈魚種的限制，更是對於漁業資源養護具有重大意義。

根據海洋法公約的規定，雖然有跨界魚群和高度迴游魚種兩種種群的區別，但若就實際的情形觀之，特別是在生物學的領域，要清楚地分辨這兩類魚種並不容易。[19]而刻意區分這兩類魚

---

[17] 1982 年聯合國海洋法公約，第 63 條第 2 款。

[18] 1982 年聯合國海洋法公約第 87 條第 1 項中規定捕魚自由為公海自由之一項，但是受到若干的限制，其中對於若干魚種：跨界、高度洄游、海洋哺乳動物、溯河產卵種群及降河產卵魚種即是其中所規範者。

[19] FAO, *FAO Fisheries Technical Paper*, No.337（1994）, pp. 4-8.

種的目的，就法律的適用而論，其目的應在於區分出負擔養護與管理責任的主體，並給予個別特定的責任。

跨界與高度洄游魚種的問題乃是集中在公海生物資源的養護上，而其背後的含意則涉及沿海國與公海漁業國之間利益的糾紛。就公海漁業國的角度觀之，它所重視的是公海中漁業資源的利用與捕撈，它的利益端視該國漁業界的規模和公海中該魚種的多寡而定，換言之，若其遠洋漁業能力強，而且所欲捕撈的魚種又極豐富，則其利益較大，該國船隊在此海域中停留的時間會較長；反之，該國船隊則可能移往它處海域作業，故其利益規模是屬於長短期混合的。相對的，無論一個沿海國的漁業規模如何，它對跨界和高度洄游魚種的興趣和利益皆屬長期的，因為該魚種在公海中養護及管理是否適當，均會影響到在其專屬經濟區內漁業養護及管理制度的成敗，而這也是該沿海國在海洋法公約規定下的特別利益。[20]所以對跨界與高度洄游魚種的養護與管理問題，無論是在公海中或沿海國專屬經濟區內，都是不可分割的。[21]

自 1980 年代末期，跨界與高度洄游魚種的問題便成為國際漁業界矚目的焦點，因為這牽涉到不同海域及不同國家間的利益糾葛，近十餘年來，擁有豐富漁源的海域均陸續傳出糾紛。

---

[20] United Nations, *The Regime for High-Seas Fisheries, Status and Prospects*（New York: United Nations, 1992）, p. 30, para. 98.

[21] Burke, *supra* note 8, p. 84; F. O. Vicuña, "Towards an Effective Management of High Seas Fisheries and the Settlement of the Pending Issues of the Law of the Sea: The View of Developing Countries The Years After the Signature of the Law of the Sea Convention", in E. L. Miles and T. Treves, eds., *The Law of the Sea: New Worlds, New Discoveries*, Proceedings of the 26th Annual Conference of the Law of the Sea Institute, Genoa, Italy, 22-25 June 1992（Honolulu: University of Hawaii, 1993）, p. 415.

以西北大西洋洋區為例，[22]加拿大認為，以歐洲聯盟（European Union）會員國為主的遠洋漁業國，在位於加拿大二百浬以外之大灘（Grand Banks）中捕撈鱈魚及其他魚類的行為，影響到在其漁業區中對於相同魚類的養護及管理措施。[23]1995 年 3 月 9 日，加拿大逮捕一艘西班牙漁船，該漁船當時正在位於大灘的漁場中捕捉格陵蘭大比目魚（Greenland halibut），這個事件導致加拿大與歐洲聯盟之間對該漁場漁業資源的糾紛。[24]1995 年 3 月 28 日，西班牙並將此事件提交國際法院。[25]

此外，在太平洋的東中部海域，跨界與高度洄游魚種的問題則涉及美國與一些中美洲國家對於鮪魚的捕撈。就美國的觀點言之，沿海國不能在其專屬經濟區中管理鮪魚是其一貫的政策；然而就墨西哥及其他的中美洲國家來說，鮪魚是他們國家

[22] B. Applebaum, "The Straddling Stocks Problem: The Northwest Atlantic Situation, International Law, and Options for Coastal State Action", in A. H. A. Soons, ed., *Implementation of the Law of the Sea Convention Through International Institutions*, Proceedings of the 23rd Annual Conference of the Law of the Sea Institute, 12-15 June 1989, Noordwijk aan Zee（The Netherlands, Honolulu: University of Hawaii, 1990）, pp. 282-317; Burke, *ibid.*, p. 85; FAO, *supra* note 19, pp. 54-59; E. L. Miles and William T. Burke, "Pressures on the United Nations Convention on the Law of the Sea of 1982 Arising from New Fisheries Conflicts: The Problem of Straddling Stocks", in T. A. Clingan, Jr. and A. L. Kolodkin, eds., *Moscow Symposium on the Law of the Sea*, Proceedings of a Workshop Co-sponsored by the Law of the Sea Institute, 28 November - 2 December 1988（Honolulu: University of Hawaii, 1991）, pp. 218-220.

[23] E. Meltzer, "Global Overview of Straddling and Highly Migratory Fish Stocks: The Nonsustainable Nature of High Seas Fisheries", *Ocean Development and International Law*, Vol. 25（1994）, pp. 297-305.

[24] *The Times*, March 11, 1995, p. 11; April 17, 1995, p. 1 and p. 7.

[25] *ICJ Press Communiqué*, No.95/9, 29 March 1995.然國際法院認為其對該紛爭並無管轄權，見 *ICJ Press Communiqué*, No.98/41, 4 December 1998.。

財政收入的重要來源之一，他們認為將鮪魚納入適當且有效的管理，是極為自然之事。[26]

三、公海漁業活動之區域組織化

海洋法公約第 118 條明載國家間如何養護與管理公海生物資源，更進一步來看，根據海洋法公約的規定，[27]對於跨界與高度洄游魚種的問題，第 63 條第 2 款則將這種義務加諸於沿海國及捕撈這些魚種的漁業國身上，他們應就養護該魚種的方法達成協議或合作。而這種合作可以經由雙邊的或是其他的協議達成，也可經由適當的次區域及區域性組織來達到目的。事實上，海洋法公約第 63 條第 2 款已經預見到在公海區域中建立養護漁業資源合作機制之重要性。[28]第 64 條則又附加了一項義務給予沿海國及其他的公海捕魚國，明示此種合作是用來保證對於跨界與高度洄游魚種的養護，以期對專屬經濟區內外的漁業資源達到最佳利用的效果。如果現在沒有合適的國際組織可以確保此種合作，海洋法公約第64條則規定沿岸國及其他捕撈這些魚種的公海漁業國「應合作設立這種組織並參加其工作」。[29]遵循此種在海洋法公約中的設計，在 1995 年的「履行協定」第三部分的規定中特別強調國際合作機制，亦即區域或次區域國際漁業組織的設立及功能。

而在國際實踐的層面，以地理區域為範圍所組成的國際組織也出現養護管理跨界與高度洄游魚種的安排。以新公約新組

---

[26] Meltzer, *supra* note 23., pp. 313-315; Miles and Burke, *supra* note 22., pp. 220-223.

[27] 海洋法公約，第 63 條及第 64 條。

[28] *Supra* note 20, p. 10.

[29] *Ibid.*, pp. 10-11.

織型態出現者，在太平洋有透過「中西太平洋高度洄游魚群養護與管理多邊高層會議（Multilateral High Level Conference on the Conservation and Management of Highly Migratory Fish Stocks in the Western and Central Pacific，簡稱 MHLC）」所建立之「中西太平洋高度洄游魚群養護與管理委員會」（WCPFC）；以修約方式之型態出現者，在東部太平洋有「美洲熱帶鮪魚公約（Inter-American Tropical Tuna Convention）」所建立之「美洲熱帶鮪魚委員會（Inter-American Tropical Tuna Convention，簡稱 IATTC）」。[30]前者始於 1994 年 12 月，經過主席薩加南登大使所主持的七屆會議，在 2000 年 9 月 5 日通過「中西太平洋高度洄游魚群養護與管理公約」，使該組織成為自 1995 年履行協定之後第一個具體實踐履行協定規範公海漁捕體制的國際公約與國際區域漁業組織。[31]其他已經建立的區域性漁業組織或公約舉其要者有：大西洋鮪類養護國際委員會（International Commission for the Conservation of Atlantic Tunas，簡稱 ICCAT）、[32]北大西洋鮭魚養護組織（North Atlantic Salmon Conservation Organization，簡稱 NASCO）、[33]印度洋鮪類

---

[30] 修約工作於 2003 年 6 月完成，修改後之條約為 Convention for the Strengthening of the Inter-American Tropical Tuna Commission Established by the 1949 Convention between the United States of America and the Republic of Costa Rica，簡稱安地瓜公約（Antigua Convention），見 http://www.iattc.org/PDFFiles2/Antigua_Convention_Jun_2003.pdf. Visited on 2/2/2010.

[31] 依據成立之公約 Convention on the Conservation and Management of Highly Migratory Fish Stocks in the Western and Central Pacific Ocean, 見 http://www.wcpfc.int/key-documents/convention-text. Visited on 2/2/2010.

[32] 依據成立之公約 International Convention for the Conservation of Atlantic Tunas, 見 http://www.iccat.int/Documents/Commission/BasicTexts.pdf. Visited on 2/2/2010.

[33] 依據成立之公約 The Convention for the Conservation of Salmon in the North Atlantic Ocean, 見 http://www.nasco.int/pdf/agreements/nasco_convention.pdf. Visited on 2/2/2010.

委員會（Indian Ocean Tuna Commission，簡稱 IOTC）、[34]西北大西洋漁業組織（Northwest Atlantic Fisheries Organization，簡稱 NAFO）、[35]東北大西洋漁業委員會（North East Atlantic Fisheries Commission，簡稱 NEAFC）、[36]南太平洋論壇漁業局（South Pacific Forum Fisheries Agency，簡稱 FFA）、[37]南方黑鮪養護委員會（Commission for the Conservation of Southern Bluefin Tuna，簡稱 CCSBT）、[38]南極海洋生物資源養護委員會（Commission for the Conservation of Antarctic Marine Living Resources，簡稱 CCAMLR）、[39]國際捕鯨委員會（International Whaling Commission，簡稱 IWC）[40]等。

無論這些區域性國際漁業組織的發展程度或是成立時間前後，推動該組織成立的動力皆是來自對於海洋中漁業資源的養護與管理。此一推論可以由區域性國際漁業組織的成立宗旨或組織目標中見到對於管轄範圍內漁業資源的重視，並特別強調

---

[34] 依據成立之文件 Agreement for the Establishment of the Indian Ocean Tuna Commission, 見 http://www.iotc.org/files/proceedings/misc/ComReports Texts/IOTC Agreement.pdf. Visited on 2/2/2010.

[35] 依據成立之公約 Convention on Future Multilateral Cooperation in the Northwest Atlantic Fisheries, 見 http://www.nafo.int/about/overview/governance/convention/convention.pdf. Visited on 2/2/2010.

[36] 依據成立之公約 Convention on Future Multilateral Cooperation in North-East Atlantic Fisheries, 見 http://www.neafc.org. Visited on 2/2/2010.

[37] 依據成立之文件見 http://www.ffa.int. Visited on 2/2/2010.

[38] 依據成立之公約 Convention for the Conservation of Southern Bluefin Tuna, 見 http://www.ccsbt.org/docs/pdf/about_the_commission/convention.pdf. Visited on 2/2/2010.

[39] 依據成立之公約 Convention on the Conservation of Antarctic Marine Living Resources, 見 http://www.ccamlr.org/pu/e/e_pubs/bd/pt1.pdf. Visited on 2/2/2010.

[40] 依據成立之公約 International Convention for the Regulation of Whaling, 見 http://iwcoffice.org/_documents/commission/convention. pdf. Visited on 2/2/2010.

養護與管理該資源，以求確保永續利用目標的達成。例如，在1949 年「建立美洲熱帶鮪類委員會公約」前言中表示美國和哥斯大黎加「考慮到維持在東太平洋作業之鮪魚漁船所捕獲黃鰭鮪、正鰹和其他魚種之相互利益，在持續利用的理由下已經成為共同關切之議題，並盼望在事實資料的蒐集和解釋上合作，以促進此類魚種永遠維持在允許最高持續漁獲量的水平」；[41]在「養護大西洋鮪類國際公約」的前言中表示各締約國「考慮到對於在大西洋海域內所發現鮪類及似鮪類魚種之共同利益，以及為糧食和其他之目的，盼望合作使該等魚種數量維持在相當之水平以維持最高持續漁獲量」；[42]在「設置印度洋鮪類委員會協定」前言第 3 段中指出「盼望合作以保證印度洋中鮪類與似鮪類魚種的養護，以及促進對其最大利用，和該種漁業之永續發展」；在「南方黑鮪養護公約」前言第 9 段中表示「認知到他們（澳洲、紐西蘭和日本）合作以確保南方黑鮪的養護和最大利用的重要性」，所以該公約在第 3 條中規定其目標在「透過適當的管理，確保南方黑鮪的養護和最大利用」。[43]

---

41 原文為：“The United States of America and the Republic of Costa Rica considering their mutual interest in maintaining the populations of yellowfin and skipjack tuna and of other kinds of fish taken by tuna fishing vessels in the eastern Pacific Ocean which by reason of continued use have come to be of common concern and desiring to co-operate in the gathering and interpretation of factual information to facilitate maintaining the populations of these fishes at a level which will permit maximum sustained catches year after year, ……”

42 原文為：“……considering their mutual interest in the populations of tuna and tuna-like fishes found in the Atlantic Ocean, and desiring to co-operate in maintaining the populations of these fishes at levels which will permit the maximum sustainable catch for food and other purposes, ……”

43 南方黑鮪養護公約第 3 條：“The objective of this Convention is to ensure, through appropriate management, the conservation and optimum

因此可以看出這些區域性國際漁業組織的發展在事實上是延續著永續生產和利用的軌跡，這與當前對於海洋生物資源的利用植基於養護和管理適相一致，也唯如此，方能達到永續資源利用的目的。

第三節　小結

縱觀近半世紀以來沿海國在擴張管轄權上的演變，就公海的實質範圍來說，持續性地縮減是其特點；而就其功能性來說，即使仍然承認公海捕魚自由為六項公海自由之一，但是其內容出現了變化。而為了養護與管理的目的，沿海國企圖擴張其管轄權至某些洄游於專屬經濟區內外魚種之企圖是可以理解的。缺乏協調性的管理，在一國專屬經濟區外所進行的捕魚行為，極可能傷害到鄰近沿海國的養護措施與經濟效益。[44]但是，對公海中漁業資源的養護與管理，是否為沿海國企圖暗中擴張管轄權（creeping jurisdiction）的一項作法，仍然受到爭議。有學者認為這種作法不會有暗中擴張管轄權的疑慮，因為這種作法完全合於海洋法公約的規定，同時亦可彰顯公約中的含意。[45]持反對意見的學者則認為這種作法正是企圖暗中擴張管轄權，法學家拉哥尼（Rainer Lagoni）即表示專屬經濟區的管轄權並非領域性質的管轄，而是功能性的。在此前提下，一個國家將其法

---

utilisation of southern bluefin tuna."

[44] John R. Stevenson and Bernard H. Oxman, "The Future of the United Nations Convention on the Law of the Sea", *American Journal of International Law*, Vol.88（1994）, p. 497.

[45] Vicuña, *supra* note 21, pp. 423-424.

律規範或管轄權擴大到二百浬之外，這就違背了第三次海洋法會議中包裹表決（package deal）的精神。[46]

因此，由近年來國際社會在養護與管理漁業資源的作為，可以窺見公海捕魚自由的發展趨勢為：

一、公海捕魚自由所受到的限制不僅限於地理區域的範圍，海洋法公約對於公海捕魚自由的規範亦包含了對於捕撈方式的考慮，禁絕使用流網即為一例。

二、沿海國對其鄰近海域內漁業資源的管轄權將透過對於魚種的養護和管理而持續擴張，此種權利之擴張甚至延伸至公海區域，對高度洄游與跨界魚群的養護與管理即彰顯此一發展。

三、沿海國向公海擴張管轄權的行動除出現於個別國家的行為之外，亦透過區域或次區域的國際漁業組織達成。而由於此種國際漁業組織之設立與發揮功能，使得公海漁業國必須透過加入區域性漁業管理組織，方得以持續其漁捕作業。

四、根據以上的觀察，因為沿海國擴張管轄範圍的結果，使得公海捕魚自由受到了地理範圍的限制；因為對於跨界與高度洄游魚種的共同養護與管理責任，使得公海捕魚自由受到了目標魚種的限制。凡此種種皆限縮了公海捕魚自由的實質內容。

五、除了透過漁捕能力的管制達到養護與管理漁業資源的目的之外，「責任漁業行為」以及「生態標籤」更是透

---

[46] R. Lagoni 所發表的意見，見 Miles and Treves, *supra* note 21, p. 453. 另見 Barbara Kwiatkowska, “Creeping Jurisdiction beyond 200 Miles in the Light of the Law of the Sea Convention and State Practice”, *Ocean Development and International Law*, Vol.22（1991）, p. 153.

過生產者與消費者之間的連結，以達到建構養護與管理網絡的目的。易言之，透過魚產品全球化貿易的機制，使得海洋生態保育的觀念更受到重視，進而使得魚產品成為整體糧食安全的考量因素。預期此種建構的過程仍將持續存在，甚至透過國際商業活動的影響力，進而涉入漁業活動的各個層面之中。

第二章　國際漁業法基礎法制架構

1982 年聯合國「海洋法公約」向被視為係國際社會處理海洋事務之基本法律，亦有「海洋憲法」之稱，其中所規範之事項提供了國家間處理海洋事務的參考依據。雖然「海洋法公約」對於大多數海洋事務之處理做出了規範，但是仍然在處理公海漁業資源與「區域」（the Area）資源的開發有所爭議。關於前者，有鑑於希望國際漁業秩序能受到有效的養護與管理，若干重要的文件相繼被通過，例如 1992 年的「坎昆宣言」（Declaration of Cancun）、1995 年的「責任漁業行為準則」（Code of Conduct for Responsible Fisheries）、1995 年 8 月 4 日所通過的「魚種協定」、2002 年的「行動計畫」等，均期望在全球合作的架構下，可以永續利用海洋生物資源。本章將由各份文件的內容作為觀察，以對該份文件在處理漁業資源的規範上有一國際法律架構的理解。

第一節　1982 年聯合國海洋法公約

聯合國由 1973 年起到 1982 年，共進行了十一個會期，十六次會議，於 1982 年 4 月 30 日通過了聯合國「海洋法公約」，公約分成十七個部分，共有 320 個條文，以及九個附件。「海洋法公約」在 1993 年 11 月 16 收到第六十個國家的批准書後，依據公約第 308 條第一項之規定，[1]該公約於 1994 年

[1] 該規定內容為：公約應自第六十份批准書或加入書交存之日後十二個月生效。

11 月 16 日生效，統計至 2010 年 11 月 30 日為止，共有 161 個國家完成遞交批准書或加入的程序。[2]

有關「海洋法公約」在漁業資源養護方面，其主要規範係在於第五部分「專屬經濟區」及第七部分「公海」的條文中。在專屬經濟區部分，由於沿海國在其專屬經濟區內之生物與非生物資源的探勘、開發、養護與管理具有優先之主權權利（sovereign rights），[3]相對而來的義務則是沿海國應對其生物資源進行正當之養護及管理措施，以確保其專屬經濟區內生物資源不致於發生過度開發之危害。[4]而前述所謂正當措施之目的在於，包括沿海漁民社區的經濟需要和發展中國家特殊要求在內的各種有關的環境和經濟因素之限制下，使捕撈魚種的數量維持或恢復到能夠生產最大持續產量（maximum sustainable yield，簡稱 MSY）之水平。[5]沿海國應決定其專屬經濟區內生物資源之可捕量（allowable catch），[6]而僅在其捕撈能力不足時，將其漁業資源可捕量之剩餘部分有條件地開放給其他國家利用。[7]以上這些措施及規定，主要仍需要沿海國及透過各主管之分區域、區域或全球性之國際組織的合作。[8]

而在公海捕魚作業方面，捕魚自由是公海自由原則之一，各國均有任其國民在公海捕魚的權利，但為養護公海生物資源起見，乃有限制漁捕之必要。因此「海洋法公約」規定，各國應互相合作以養護和管理公海區域內的生物資源，凡其國民開發相同生物資源，或在同一區域內開發不同生物資源的國家，應進行談判，與其採取

[2] Status of the UNCLOS, http://www.un.org/Depts/los/reference_files/status2010.pdf. Visited on 20/1/2011.
[3] 海洋法公約第 56 條第 1 項（a）款。
[4] 海洋法公約第 61 條第 2 項。
[5] 海洋法公約第 61 條第 3 項。
[6] 海洋法公約第 61 條第 1 項。
[7] 海洋法公約第 62 條第 1 項。
[8] 海洋法公約第 61 條第 5 項。

養護有關生物資源的必要措施，[9]並在適當的情況下，透過國際組織，在所有有關國家的參加下，經常提供和交換可獲得的科學情報、漁獲量、漁撈努力量統計、及其他有關養護魚的種群資料。[10]此外，各國應直接或經由國際組織的合作，以保護和管理海洋哺乳動物。[11]同時，值得注意的是，各國船舶雖然在公海自由使用與公平進入權利上受到「海洋法公約」之保障，然就公海漁捕作業此項自由而論，仍需適當顧及其他國家行使公海自由利益。[12]

1982 年「聯合國海洋法公約」的制定雖然在法律制度上提供了一個解決國家間使用海洋資源衝突架構，但是該「公約」對於某些具有特殊生物習性的漁業資源，例如「公約」第 63 條和 64 條關於跨界種群與高度洄游魚種，僅僅提出原則性規定，並未就捕撈此類生物資源之養護與管理做出完整的規劃，因而在實務上，並無法完全消除國家間在漁業利益上所產生之紛爭，這也就是醞釀出 1995 年「魚種協定」的重要原因。

第二節　1992 年坎昆宣言與 1995 年責任漁業行為準則

針對國家間普遍存在的漁業糾紛，國際間連串召開多次會議，企圖尋求解決之道。為了解公海漁業資源過度開發之問題，聯合國糧農組織內之漁業委員會（COFI）於 1991 年第 19 次會議中提出，應於公海海域建立「責任制漁業」（Responsible Fisheries）之概念，[13]成為日後「責任漁業行為準則」之濫觴。

9　海洋法公約第 118 條。
10　海洋法公約第 119 條第 2 項。
11　海洋法公約第 120 條。
12　海洋法公約第 87 條。
13　Gerald Moore, “The Code of Conduct for Responsible Fisheries”, in Ellen

1992 年的 5 月 6 日至 8 日，在墨西哥的坎昆（Cancun）市召開的「負責捕魚會議」(International Conference on Responsible Fishing）即是重要的一次會議，此次會議通過之坎昆宣言（Declaration of Cancun）的重要性在於對「負責漁捕」一詞加以定義，以及提出制訂「責任捕魚行為準則」(Code of Conduct for Responsible Fishing）的呼籲：[14]

> 漁業資源的持續利用應與環境協調；捕撈與養殖活動不應傷及生態系統、資源或其品質；對魚產品的加值行為或是製造流程應符合衛生標準的需求、並在商業過程中提供消費者良好品質的產品。
>
> ……
>
> 在符合聯合國海洋法公約相關條文的情形下，公海捕魚自由應與國家間合作，以保證養護和合理管理生物資源的義務之間取得一個平衡點。
>
> ……
>
> 呼籲聯合國糧農組織諮詢相關國際組織和顧及本宣言之精神，起草一部「國際責任捕魚行為準則」。

在 1992 年 9 月於羅馬舉行的糧農組織公海捕魚技術諮詢會議（FAO Technical Consultation on High Seas Fishing）中支持「坎昆宣言」的提案，[15]並於 1995 年 9 月第二次技術委員會會期中修改相關條款，以和 1995 年 8 月聯合國會議所通過之 1995 年「魚種協定」的公海捕魚議題相配合，並完成「行為準則」草案，於 1995

Hey, ed., *Developments in International Fisheries Law*（The Netherlands: Kluwer Law International, 1999）, p. 86。

[14] UN Doc. A/CONF.151.15, Annex.

[15] Moore, *supra* note 13, p. 87.

年 10 月 31 日糧農組織會議中決議通過。[16]其提供有關責任漁捕之原則與國際標準，此標準關係著眼於漁業資源之有效開發、養護與管理，並使其漁業資源開發與利用與「永續發展」原則一致。

在永續利用的原則之下，「責任漁業行為準則」的規範包含漁業管理、[17]漁捕作業、[18]養殖發展、[19]漁捕作業整合入沿海區域管理、[20]捕獲後之實踐與貿易、[21]漁業研究[22]等。其主要是強調預防方法，並保持其動態性，在糧農組織漁業委員會（COFI）的架構下，透過定期的報告對各國履行行動規範的情形加以監督，且在各區域漁業管理組織中進行討論，因此準則可以依據這些報告和討論進行修正與更新。「行為準則」所規範之範圍甚廣，幾乎包含漁業之整體層面，可稱係對國際漁業行為進行規範最完整之國際文件。其主要目的係透過「責任」的概念，對漁業行為進行制約，若干值得吾人留意的重點為：[23]

第一、依國際法相關規則，為負責任的漁撈和漁業活動設定原則並考慮其相關的生物、科技、經濟、社會、環境和商業性之因素；

---

[16] Gilles Hosch, Analysis of the Implementation and Impact of the FAO Code of Conduct for Responsible Fisheries since 1995, FAO Fisheries and Aquaculture Circular No. 1038（Rome: FAO, 2009）, pp. 1-4.關於「責任漁業行為準則」之內容，見 http://www.fao.org/docrep/005/v9878e/v9878e00.HTM;中文譯本可見 http://www.ofdc.org.tw/organization/01/fao/01C_fao01.pdf.檢視日期：2011 年 1 月 20 日。

[17] Code of Conduct for Responsible Fisheries, Article 7.

[18] Code of Conduct for Responsible Fisheries, Article 8.

[19] Code of Conduct for Responsible Fisheries, Article 9.

[20] Code of Conduct for Responsible Fisheries, Article 10.

[21] Code of Conduct for Responsible Fisheries, Article 11.

[22] Code of Conduct for Responsible Fisheries, Article 12.

[23] Code of Conduct for Responsible Fisheries, Article 2.

第二、為完成及執行負責任的漁業資源保育及漁業管理和發展之國家政策設定原則及標準；

第三、對幫助各國設立或改善為行使責任制漁業和釐定及執行適當措施所需之法律及體制性架構作為一參考之工具；

第四、在釐定與執行具有拘束力及自願性之國際協議和其他法律文件時，倘適宜的話，提供可用之指導；

第五、便於和促進在漁業資源保育和漁業管理及發展上技術、財務及其他合作；

第六、在將當地社區營養需要置於優先前題下，促進漁業對糧食安全和糧食品質之貢獻；

第七、促進水產生物資源及其環境和沿岸地區之保護；

第八、促進魚類和漁產品之貿易以符合相關國際規定，且避免使用構成隱藏性貿易障礙之措施；

第九、促進漁業及與生態系統有關連及相關環境因素有關之研究；

第十、對所有涉及漁業之人士提供行為標準。

就法律執行與規範的效力來說，國際法普遍被認為是一種「弱法」（weak law），「行為準則」在其規定中更明示了不具法律約束力的性質，[24]因此「行為準則」可說是弱法中的弱法，最多不過具有道德上的訴求。但是就該準則的發展過程觀之，卻不可忽視該份文件的潛在影響力，蓋國際社會經過數次國際性的會議及研討，應不止於創造一份僅具道德性訴求的文件為滿足，相反的，應會對於該份文件有更高的期望。這一點可以由「行為準則」第 1 條第 1 項的後段文字中得到明證：

---

[24] 責任漁業行為規約第一條第一款即明訂「本規約係自願的。」（This Code is voluntary.）

> 「責任漁業行為準則」某些部分係依據國際法相關規定而來，包括由 1982 年 12 月 10 日聯合國海洋法公約所反映者。本準則也包含可能或已對締約國間具有拘束力之義務性法律文件之條款規定，例如依聯合國糧農組織會議第 15／93 號決議第 3 段，1993 年促進公海漁船遵守國際養護與管理措施條約，構成本準則完整的一部份。

明顯的，「行為準則」內所規範的事項若是由國際法相關規定而來，則其自然具有拘束力。特別是 1982 年聯合國海洋法公約中所規定的事項，有許多部分是國際習慣法典化的呈現，其在國家行為規範上的拘束力，更是無需贅言，由以上的說明可以得知，「行為準則」在將來所可能具有的影響力。

在「行為準則」的全球性方面，第 1 條第 2 項明訂：

> 在範圍上本準則係全球性的（global），並集中於聯合國糧農組織會員國和非會員國、漁捕實體、次區域性、區域性及全球性組織，不論係政府間或非政府間，暨所有與保育漁業資源及管理發展漁業有關之人士……

易言之，「行為準則」的執行主要係透過漁業性質組織，這與 1995 年的「魚種協定」中強調區域性與次區域性漁業組織或安排合作的作法相一致。特別值得注意的是，傳統國際法一般是用來規範國際社會中的行為主體，亦即國家。但是，隨著近代國際法發展之趨勢，本準則的對象亦不僅僅包含國家，尚包括了漁業實體（fishing entities），乃至於個人。

而在其跨領域的性質上，「行為準則」並不僅僅涉及漁捕活動，由準則第 1 條第 3 項可知，準則之內容跨及多個政策或事務領域：

> 本準則提供可適用於所有漁業保育、管理和發展之原則和標準，並涵蓋捕撈、魚類和漁產品之加工及貿易、捕撈作業、水產養殖、漁業研究、及漁業和沿岸區域管理之整合等。

因此，若就準則所涵蓋的事務領域觀之，實已極為廣泛地跨越了漁捕行為、食品衛生、國際貿易、船員的社會福利等多種國際法或國際組織所規範的領域，遠遠超越了傳統上國際漁業法規所規範的範圍。此種跨政策及事務領域的特質必將會對一般國家依傳統功能所建構之行政組織與法律架構產生衝擊。

由此觀之，「責任漁業行為準則」是一全球性的規範架構，雖然是由國家自由決定是否適用，但是由於其內容廣泛地吸收了「海洋法公約」以及其他國際法相關的規定，因此在普遍地被國際社會所接受的情形之下，其所具備的行為規範能力不容忽視。

第三節　1992 年二十一世紀議程

基於經濟發展和環境保護二者之間問題的複雜性與急迫性，聯合國於 1992 年 6 月，在巴西里約熱內盧召開「聯合國環境暨發展會議」(United Nations Conference on Environment and Development，簡稱 UNCED)，[25]此一會議的目的在於形成一套廣泛的計畫，使得永續發展的目標得以達成，[26]然而這個理想並

---

25 亦稱「里約高峰會」(Rio Summit) 或「地球高峰會」(Earth Summit)。

26 Tucker Scully, "Report on UNCED", in E. L. Miles and T. Treves, eds., *The Law of the Sea: New Worlds, New Discoveries*, Proceedings of the 26th Annual Conference of the Law of the Sea Institute, Genoa, Italy, 22-25 June 1992 (Honolulu: University of Hawaii, 1993), p. 97.

未在該次會議中達到。就永續發展漁業資源此一議題來看，沿海國的觀點是，公海漁業必須要在不會對沿海國管轄區域內（即是專屬經濟區）魚種產生負面影響的情形之下，方可進行。[27]但若由公海漁業國的角度來說，所有國家均應遵守海洋法公約對公海捕魚的規定。其中特別是船旗國對其在公海中作業漁船的管轄權是構成其國家主權不可分割的基本因素，並且是不可修改的，即使經過雙邊或多邊的同意也不能夠改變這種權利的本質。[28]在此情形之下，里約會議的「二十一世紀議程」（Agenda 21）第十七章中所談及之海洋環境保護議題就更加受到關注。[29]

「二十一世紀議程」第十七章之標題係為「保護大洋和各種海洋，包括封閉和半封閉海以及沿海區，並保護、合理利用和開發其生物資源」（Protection of the oceans, all kinds of seas, including enclosed and semi-enclosed seas, and coastal areas and the protection, rational use and development of their living resources），因此可見其主要係在處理保護海洋環境與養護生物資源之議題。該章明白提到海洋環境，包括大洋和各種海洋以

---

27 UNCED Doc. A/CONF.151/PC/WG.II/L.16/Rev.1（16 March 1992）; William T. Burke, "UNCED and the Oceans", *Marine Policy*, Vol.17（1993）, pp. 522-523.

28 Burke, *ibid.*, p. 524.

29 關於「二十一世紀議程（Agenda 21）」內容，見 http://www.un.org/esa/dsd/agenda21/res_agenda21_00.shtml. 第十七章中所述及之七項方案領域正可說明這個情況：
1. 整合性管理與持續性發展沿海區域，這亦包括了專屬經濟區在內；
2. 海洋環境保護；
3. 持續使用及養護公海海洋生物資源；
4. 持續使用及養護在國家管轄之下海域的海洋生物資源；
5. 提出管理海洋環境及氣候變遷的重要不確定性因素；
6. 加強國際性（包括區域性）的合作及協調；
7. 小型島嶼的持續發展。

及鄰接的沿海區域是一個整體，是全球生命支持系統的一個基本組成部分，也是一種有助於實現可永續發展的珍貴財富。[30]其各項條款所反映的國際法，規定了各國的權利義務，並提供了一個國際基礎，可藉以對海洋和沿海環境及其資源進行保護和永續利用。這需要從國家、次區域、區域和全球各個層級對海洋和沿海區域的管理和開發採取新的方針。這些方案領域的內容要一體化，範圍要以防備和預測為主。[31]「二十一世紀議程」第十七章於之後已經發展成為各國及聯合國制定漁業政策及各項國際漁業管理公約、協定之主要依據及指導原則。

在其內容中，第 A 節處理有關沿海區和海洋包括專屬經濟區的綜合管理及永續發展的議題，其強調「每個沿海國家都應考慮建立，或在必要時加強適當的協調機制，在區域和國家的層級以上從事沿海和海洋區及其資源的綜合管理及永續發展。這種機制應在適當情況下包括與學術部門私人部門、非政府組織、當地社區、資源用戶團體和土著人民」。[32]

在第 C 節裡有關永續利用及養護公海生物資源的議題中強調，「各國應承諾其對公海海洋生物資源的養護及永續利用，為達此目的，有必要促進選擇性漁具之發展及使用、確保對漁捕行為做有效的監測及執法、並促進有關公海內海洋生物資源的科學研究」。[33]可以從上述規定中看出，「二十一世紀議程」比較其他公約或協定，其行動性更加明確及精準，也是近年來國際社會進行有關漁業資源養護時最重要的行動依據。

---

[30] Agenda 21, Chapter 17, paragraph 17.1.
[31] *Ibid.*
[32] Agenda 21, paragraph 17.3-17.17.
[33] Agenda 21, paragraph 17.44-17.69.

除此之外，「二十一世紀議程」也要求聯合國召開國際性會議，以持續里約會議的效果：[34]

> 為有效達成聯合國海洋法公約對跨界與高度洄游魚種所規定的條文……本會議的努力及成果應當完全符合聯合國海洋法公約的規定，特別是沿海國及公海漁業國之間的權利與義務關係。

第四節　1993 年促進公海漁船遵守國際養護與管理措施協定

「海洋法公約」第 116 條明示了所有國家均有權由其國民在公海上捕魚，但若未經有效的管理，公海捕魚往往會導致競爭式的捕撈作業。此外，公海上船舶的管轄係採「船旗國管轄」原則，而船旗（或稱船籍）的授與多採登記主義，若漁船所有人有意觸法，在逃避管轄的考量下，或是將船舶登記在疏於管轄的國家，或是視方便而更換旗幟，則在管轄的架構上將會形成缺陷。同時，船旗國未能履行對有權懸掛其旗幟之漁船的管轄責任，也成為注意的焦點。因此，以「海洋法公約」的規範為基礎，對於擁有漁船在公海作業的國家制定相關的權利義務以對其公海漁捕行為進行規範，並促使其漁船能遵守國際漁業養護與管理措施，遂成為制訂 1993 年「促進公海漁船遵守國際養護與管理措施協定」（Agreement to Promote Compliance with International

---

[34] UNCED, *Agenda 21: Programme of Action for Sustainable Development*（1993）, p. 155. Cited from E. Meltzer, “Global Overview of Straddling and Highly Migratory Fish Stocks: The Nonsustainable Nature of High Seas Fisheries”, *Ocean Development and International Law*, Vol.25（1994）, p. 323.

Conservation and Management by Fishing Vessels on the High Seas，簡稱「遵守協定」(Compliance Agreement))的主要考量。[35]本協定主要是針對在公海作業的各國漁船及從事漁業相關作業船隻，包含這些船舶之船旗國的規範。規範之主要內容包含其適用的範圍、船旗國的責任、漁船檔案、國際合作、資訊交流、與發展中國家合作、及與非締約方（Non-Parties）合作等部分。

細觀「遵守協定」的內容，其出發點在於漁船作業會對漁業資源的養護管理產生直接的影響，因此若能針對各國漁船在公海進行漁捕作業時，所應遵守的相關作業加以規範，則必會對於漁業資源的養護與管理具有良性的作用。

「遵守協定」對於船旗國的主要規範如下：

第一、各締約方應採取必要措施，保證該國漁船不從事任何損害國際養護及管理措施效力的活動；[36]

第二、締約方均不應允許有權懸掛其旗幟但未經其有關當局授權的任何漁船從事公海捕撈；[37]

第三、任何締約方除非確信有權懸掛其旗幟的漁船與其之間的現有關係使該締約方能夠對該漁船有效地履行本協定所規定的職責，否則不應授權該漁船從事公海捕撈；[38]

---

[35] 關於「促進公海漁船遵守國際養護與管理措施協定」的內容，見 ftp://ftp.fao.org/docrep/fao/Meeting/006/x3130m/X3130m00.pdf. 該協定於 2003 年 4 月 24 日生效，共有 39 個國家遞交加入書，塞內加爾目前是最後加入的國家（2009 年 9 月 8 日）。

[36] Compliance Agreement, Article 3, paragraph 1.

[37] Compliance Agreement, Article 3, paragraph 2.

[38] Compliance Agreement, Article 3, paragraph 3.

第四、由締約一方授權用於公海捕撈的漁船如不再有權懸掛該方的國旗，此種可在公海捕撈的授權應視為已被撤銷；[39]

第五、應確保所有有權懸掛其旗幟的並已登記的漁船具有適當標誌，以便利識別。[40]

第六、在國際合作方面，締約方應相互交流有關漁船活動的資料、證據；締約國有權對於進入本國港口並有違規行為的他國漁船採取必要的措施等。[41]

此外，對於開發中國家，各締約方應在糧農組織和其它國際機構的支援下，在全球、區域、分區域或雙邊一級進行合作，向發展中國家各締約方提供援助，其中包括技術援助，協助它們履行本協定規定的義務。[42]而對於非締約方方面，則採取鼓勵的方式，促使其接受或採取符合本協定的法律及規範來管理其漁船，使其不從事損害國際保護和管理措施效力的活動。[43]

第五節　1995 年魚種協定

「海洋法公約」對於沿海國在領海、專屬經濟區及公海等海域中生物資源進行探勘、開發、養護與管理之權限有了規範，不過對於具有高度經濟價值的「跨界魚種」及「高度洄游魚種」，因為其活動範圍太廣，「海洋法公約」僅有原則性之規範。若需建立具有效力之公海漁業資源養護與管理法律機制，仍需依賴

---

[39] Compliance Agreement, Article 3, paragraph 4.
[40] Compliance Agreement, Article 3, paragraph 6.
[41] Compliance Agreement, Article 5.
[42] Compliance Agreement, Article 7.
[43] Compliance Agreement, Article 8, paragraph 2.

各沿海國及公海捕魚國透過共同合作的方式，以建立符合共同利益的養護管理措施。

在 1992 年「聯合國環境暨發展會議」（UNCED）之後，聯合國大會以編號第 47／192 號決議案，通過於 1993 年召開一項政府間關於跨界與高度洄游魚種會議。[44]該項會議將要達成下列使命：一、判定並評估現存關於跨界與高度洄游魚種在養護與管理方面的問題；二、思考改進國家間漁業合作的方法；三、擬出適當的建議。自 1993 年 4 月開始，在聯合國總部共召開了六屆會期的跨界與高度洄游魚種會議。

在這幾次的會議中，參與的國家根據不同的利益而區分成下列三個團體：第一，沿海國團體（包括了智利、哥倫比亞、厄瓜多爾及秘魯）；第二，遠洋漁業國團體（包括了日本、韓國、波蘭及中共）；第三，則是主張和緩改革的沿海國（以澳洲及紐西蘭為代表），[45]在這幾次的會議期間，有幾項議題成為會議的焦點：[46]

1. 經由合作建立起養護和管理方法的本質；
2. 國際合作的機制；
3. 區域漁業管理組織或安排；
4. 船旗國的責任；
5. 遵守與執行公海漁業的養護與管理措施；

---

[44] UN General Assembly Resolution 47/192（22 December 1992）.

[45] R. P. Barston, “United Nations Conference on Straddling and Highly Migratory Fish Stocks”, *Marine Policy*, Vol.19（1995）, p. 160.臺灣並未出席該項會議，但在 1995 年 8 月該會議通過協議草案之後，臺灣方面表達了願意遵守協議內之規定，見 David A. Balton, “Strengthening the Law of the Sea: The New Agreement on Straddling Fish Stocks and Highly Migratory Fish Stocks”, *Ocean Development and International Law* Vol. 27（1996）, p. 149, note 73.

[46] Chairman’s Negotiating Text, UN Doc. A/CONF.164/13（30 July 1993）.

6. 港口國的責任；
7. 非締約國與區域或次級區域協定或安排之間的關係；
8. 爭端的解決；
9. 針對相同魚種的養護措施上，在國家與國際兩個層面之間尋求相容性與一致性；
10. 開發中國家的特別需求；
11. 對於養護與管理措施完成程度的檢討。

在上述各議題的討論中，沿海國與公海漁業國之間的立場經常是相左的，特別是以第 9 點的內容較受到爭論。許多的公海漁業國辯稱，會議應將魚種全體的分佈範圍視為一個單純的生物單位（biological unit），以之進行養護與管理措施的考量，而非以政治疆界作為考量的依據。這種看法導致要求專屬經濟區與公海二者的養護與管理措施應當尋求相容性的爭論，而否定了沿海國擁有保證公海漁業措施必須與鄰接的專屬經濟區的養護與管理措施一致化的任何「特殊利益」。反過來說，沿海國認為，若上述的說法成立，則將是對於他們在專屬經濟區中擁有主權權利的一種妥協。沿海國代表並認為會議應將專屬經濟區內與對公海魚種的養護與管理事項一同考慮，而非僅只對位於國家管轄範圍以外的公海範圍為之。[47]

這項爭論在後來通過的「魚種協定」得到澄清，[48]該協定第 7 條第 1 項明白規定養護與管理措施的相容性（compatibility）：

---

[47] Meltzer, *supra* note 34, p. 326. 詳細報導亦可見 *Earth Negotiation Bulletin*, at http://www.iisd.ca/linkages/vol07/0716021.html. Visited on 20/1/2011.

[48] 見 Agreement for the Implementation of the Provisions of the United Nations Convention on the Law of the Sea of 10 December 1982 Relating to the Conservation and Management of Straddling Fish Stocks and Highly Migratory Fish Stocks, UN Doc. A/CONF.164/37（8 September

關於跨界魚種部份，沿海國與公海漁業國應尋求一致的必要措施；至於高度洄游魚種部份，沿海國與公海漁業國應進行合作，以達到養護與增進該魚種最佳利用之目的。協定中同時要求，在專屬經濟區與公海的養護與管理措施上應具有相容性，並且明列數項在決定相容性時應該考慮的因素。第 7 條第 2 項繼續規定，公海與那些國家管轄範圍之內所建立起的養護與管理措施應具有相容性，如此方能有效且完整地確保養護及管理跨界與高度洄游魚種。為達此目的，沿海國與公海漁業國有責任對於完成相容措施的目的進行合作。如此的結果正如會議主席薩加南登（Satya Nandan）所說的：[49]

> 在考慮生物協調的因素方面，所有相關國家對某一特定漁業，應有責任採取養護與管理跨界與高度洄游魚種的措施。對管理標準的改進應適用於國家管轄範圍之內及之外，關於國家管轄範圍以內的海域，沿海國是具有能力且是唯一具有能力的主體。沿海國的責任已明白地規定在聯合國海洋法公約之中，並且再度於本協定中被特別強調，以期能達到較佳的管理標準與實踐。

1995)，中文譯為「履行 1982 年 12 月 10 日聯合國海洋法公約有關跨界魚群與高度洄游魚種養護及管理條款協定，簡稱為「魚種協定」(Fish Stocks Agreement)」，該協定於 1995 年 12 月 4 日開放簽署，於 2001 年 12 月 11 日正式生效，統計至 2010 年 11 月 30 日為止，共有 78 個國家完成遞交批准書或加入的程序。

[49] Statement of the Chairman, Ambassador Satya N. Nandan, on 4 August 1995, Upon the Adoption of the Agreement for the Implementation of the Provisions of the United Nations Convention on the Law of the Sea of 10 December 1982 Relating to the Conservation and Management of Straddling Fish Stocks and Highly Migratory Fish Stocks. UN Doc. A/CONF.164/35（20 September 1995）.

本協定的一項基礎是針對所有魚種的養護與管理之相容性，就此點來說，本協定的範圍已寬廣到足以涵蓋所有的資源，而且同時又能完整地尊重到不同管轄的責任，所有國家均應包含在本協定的養護與管理原則之中。

「魚種協定」的主要目標在於促進「海洋法公約」中與漁業活動有關條文的執行，並且具體補充了「海洋法公約」中對於跨界魚群與高度迴游魚種未能完整規範的部分，希望能夠確保該些魚種之長期養護與永續利用。因此，在相關的規範上，「魚種協定」要求沿海國及進行漁捕之國家，應當合作採取措施，共同養護跨界魚群及高度迴游魚種，以確保該等魚種之「長期可持續能力」（long-term sustainability）及「促進最適度利用」（to promote theobjective of their optimum utilization），[50]該等措施必須是根據可得到的最佳科學證據，使種群維持或恢復到能夠產生最高持續產量的水平，而且必須考量各種經濟環境因素，包括：發展中國家的特殊需求、捕魚方式、種群的相互依存及任何分區域、區域或全球組織所建議並普遍接受最低國際標準。[51]同時適用「預防性措施」（precautionary approach），亦即各國在資料不明確、不可靠或不充足時應更為慎重，不得以科學資料不足為由而推遲或不採取養護和管理措施。[52]

在分區域或區域漁業管理組織或安排所包括的任何公海區，作為這種組織的成員或安排的參與方的締約國可透過經本國正式授權的檢查員登臨和檢查懸掛本協定另一締約國國旗的漁船，不論另一締約國是否為組織或安排的成員或參與方，以

---

[50] Fish Stocks Agreement, Article 5, paragraph 1（a）.
[51] Fish Stocks Agreement, Article 5, paragraph 1（b）.
[52] Fish Stocks Agreement, Article 6, paragraph 2.

確保這組織或安排為養護和管理跨界魚類種群和高度洄游魚類種群所訂立的措施獲得遵守。[53]此一規範造就了後來的公海漁船登臨與檢查的程序。此外，由於跨界魚群及高度洄游魚種之生長環境及活動範圍甚廣，其涉及海域可能包括公海及一國以上之專屬經濟區，在魚種洄游範圍中相關組織及周圍沿海國之養護措施，應互不抵觸。[54]

第六節 1999 年三項國際行動計畫

1995 年 3 月，在聯合國糧農組織所召開的部長會議中無異議地通過了「全球漁業共識」(Consensus on World Fisheries)。該份文件明確指出：[55]

> (與會者) 承認漁業在社會經濟、環境、與營養上的重要性，以及對魚產品持續增加的需求，本次部長會議決定需要更多的行動得以能夠：消除過漁；重建並加強魚種；降低浪費性的漁捕行為；開發永續的養殖漁業；重建漁業資源棲息地；在科學可持續性與責任管理的基礎上，開發新的與替代性的魚種。

在該次會議中，與會者強調養護漁業資源的重要性，認為若不實踐前述行動，地球上約有 70%的魚種會繼續衰減，而這些都是目前被認為在完全開發、過度開發、耗竭、或是正在復育中的魚種。

[53] Fish Stocks Agreement, Article 21, paragraph 1.

[54] Fish Stocks Agreement, Article 7.

[55] The Rome Consensus on World Fisheries, adopted by the FAO Ministerial Conference on Fisheries, Rome, 14-15 March 1995, para. 6.見 http://www.fao.org/docrep/006/ac441e/ac441e00.htm. Visited on 20/1/2011.

因此，在達成保育與養護漁業資源的作法上，除了前述對於公海中捕魚行為的限制之外，自 1995 年「履行協定」後，聯合國糧農組織所召開的部長會議於 1999 年 3 月 10 日至 11 日通過了「執行責任漁業行為準則之羅馬宣言（The Rome Declaration on the Implementation of the Code of Conduct for Responsible Fisheries）」，[56]特別指出參與國歡迎 1999 年 2 月所通過以「責任漁業行為準則」為架構而制訂的「漁捕能力管理國際行動計畫」（International Plan of Action for the Management of Fishing Capacity, IPOA-Capacity）、[57]「鯊類養護與管理國際行動計畫」（International Plan of Action for the Conservation and Management of Sharks, IPOA-Sharks）、[58]與「降低延繩釣對海鳥的誤捕國際行動計畫」（International Plan of Action for Reducing Incidental Catch of Seabirds in Long-line Fisheries, IPOA-Seabirds）。[59]同時，該次會議也注意到應多加開發更精確的漁業發展與管理的生態途徑，而且在「責任漁業行為準則」的架構之下，應該多加注意與漁撈和養殖有關的貿易和環境因素。[60]

而特別是針對已經出現的過漁現象，普遍地認為漁捕能力過剩是主要的原因。因此在養護與管理漁業資源的方法上，限制漁捕能力成為一個重要的手段。不僅透過聯合國邀集專家召開會議制訂出前述之「漁捕能力管理國際行動計畫」，也進一步要求國家能夠依據該行動計畫的內容制訂出其國家級的行動計

---

[56] 全文見 http://www.fao.org/DOCREP/005/X2220e/X2220e00. HTM. Visited on 20/1/2011.

[57] 方案全文見 ftp://ftp.fao.org/docrep/fao/006/x3170e/X3170E00.pdf. Visited on 20/1/2011.

[58] 方案全文，同前註。

[59] 方案全文，同前註。

[60] 前引註 56，第 6 段、第 7 段。

畫。在前述的「漁捕能力管理國際行動計畫」中，明確指出此一行動計畫係依據「責任漁業行為準則」及下列原則和方式而來：

一、參與者：本行動公約應由國家間或透過糧農組織與合適的政府間組織達成。

二、階段性執行：第一階段是評估與判斷，初步的評估需在 2000 年年底前完成；第二階段是採取管理行動，在 2002 年年底前需採取初步的行動。前述二階段應適時調整，交互作用。到 2005 年前，國家與區域間國際漁業組織應逐步完成上述階段。

三、漁捕能力之管理需達到對魚種的養護和永續利用，以及保護海洋環境、確保選擇性漁捕作業的目標。

需要注意的是，「漁捕能力管理國際行動計畫」要求世界各國協助糧農組織在2000年年底前建立起關於在公海中作業漁船的資料。同時，各國應於 2002 年年底前發展、通過與通告週知該國之國家漁捕能力管理方案，如有需要，更應降低漁捕能力以取得漁捕行為和資源供應之間的均衡。

該國際行動計畫更將其目標訂為：

> 給予各國與區域漁業組織在其相關權限並且與國際法相符合的範圍內，最好在西元 2003 年前，但不超過西元 2005 年，對於漁捕能力達到全球有效率的、公平的、和透明的管理。

第七節　2001 年 IUU 國際行動計畫

隨著公海漁捕作業的普遍，加之漁船彼此間競逐漁捕的作業量，全球漁業之非法、不報告和不接受規範的（Illegal,

Unreported and Unregulated，簡稱 IUU）捕魚活動問題日益嚴重，由於 IUU 捕魚活動可能導致某一特定魚種的崩潰，或會嚴重影響重建枯竭種群的努力，甚至會導致短期和長期的社會和經濟問題，對糧食安全和環境保護產生不利影響。因此若要產生資源的管理效果，打擊或遏阻 IUU 捕魚活動顯為必須執行的作為。然而，國家或區域漁業組織在面對 IUU 漁捕活動時，卻出現無法有效作為的窘況。

聯合國糧農組織漁業委員會（COFI）在 2001 年 3 月 2 日的第 24 會期中制訂通過「預防、制止和消除非法、不報告和不接受規範的捕魚活動國際行動計畫（International Plan of Action to Prevent, Deter, and Eliminate Illegal, Unreported and Unregulated Fishing，簡稱 IPOA- IUU）」。[61]，其目的係向所有國家，亦包括捕魚實體[62]提供採取全面、有效和透明的措施，包含通過依據國際法設立適當區域漁業組織，以預防、制止和消除 IUU 捕魚活動，並呼籲所有國家儘快（在 2004 年前）發展與通過關於預防、抑止和消除 IUU 捕魚活動的國家行動計畫，俾能有效打擊 IUU 捕魚活動。

---

[61] 方案全文見 ftp://ftp.fao.org/docrep/fao/012/y1224e/y1224e00.pdf. Visited on 22/1/2011.

[62] IPOA, paragraph 5: The FAO Code of Conduct for Responsible Fisheries, in particular Articles 1.1, 1.2, 3.1, and 3.2 applies to the interpretation and application of this IPOA and its relationship with other international instruments. The IPOA is also directed as appropriate towards fishing entities as referred to in the Code of Conduct. The IPOA responds to fisheries specific issues and nothing in it prejudices the positions of States in other fora.

在此一國際行動計畫中，特別將 IUU 的內涵加以明確定義：[63]

非法的捕魚活動係指：

一、本國或外國漁船未經該國許可或違反其法律和條例在該國管轄的水域內進行捕魚活動；

二、懸掛有關區域漁業管理組織締約國旗幟的漁船所進行的，但違反該組織通過的而且該國家受其約束的養護和管理措施，或違反適用的國際法有關規定的捕魚活動；或者

三、違反國家法律或國際義務，包括有關區域漁業管理組織的合作國所負義務，進行的捕魚活動。

不報告的捕魚活動係指：

一、違反國家法律和條例未向國家有關當局報告或誤報的捕魚活動；或者

二、在有關區域漁業管理組織主管水域所從事，違反該組織報告程序，未予報告或誤報的捕魚活動。

不受規範的捕魚活動係指：

一、在有關區域組織之漁業管理適用水域內，由無國籍漁船或懸掛非該組織締約國旗幟的漁船或由漁捕實體進行的，不符合或違反該組織的養護和管理措施的捕魚活動；或者

二、在無適用養護或管理措施的水域或有關魚類資源的捕魚活動而其捕撈方式又不符合各國按照國際法應承擔的海洋生物資源養護責任者。

---

[63] IPOA, paragraph 3.

第八節　2002年約翰尼斯堡實施計畫

在 1992 年里約地球高峰會結束十年之後，聯合國於 2002 年 8 月 26 日至 9 月 4 日在南非約翰尼斯堡舉行「永續發展世界高峰會」（World Summit on Sustainable Development, WSSD），[64] 此次高峰會提供了一個針對永續發展環境提出具體承諾的機會，使國際社會能夠採取行動執行「二十一世紀議程」的內涵，並能實現永續發展的願望，更重要的是，期望能夠提出具體的作法。特別是在漁業部分，有關水產品在全球食品安全保障之重要性、過度捕撈成為永續利用的不利因素、消除 IUU 捕魚活動的聯合國糧農組織行動計畫等都是矚目的焦點。

2002 年聯合國永續發展世界高峰會通過了「約翰尼斯堡實施計畫」（Johannesburg Plan of Implementation），[65]其中在漁業活動部分值得觀察的有：

> 第 29 段：大洋、各種海洋、島嶼和沿岸地區是地球生態系統的完整和必要的組成部分，也是全球糧食安全、永續經濟繁榮和許多國家經濟體（特別是開發中國家）幸福的關鍵。要確保海洋的永續發展，需要包括全球與區域層級之有關機構的切實協調和合作，以及在各層級的行動；……

---

[64] 此次會議又被稱為「里約加十會議」（Rio plus 10）。

[65] 正式名稱為「永續發展世界高峰會實施計畫」（Plan of Implementation of the World Summit on Sustainable Development），關於該實施計畫之全文，見：http://www.un.org/esa/sustdev/documents/WSSD_POI_PD/English/WSSD_PlanImpl.pdf. Visited on 22/1/2011.

另外，「約翰尼斯堡實施計畫」具體標明解決漁業問題之最後期限，顯示國際社會對於漁業資源日漸枯竭窘境的憂慮和恢復資源量的急迫性。這些最後期限的規定包括了：

第 30 段：為達成為永續漁業，應在各層級採取以下行動：

(a) 維持種群數量或使之恢復到可以生產最高持續生產量的程度，以期在 2015 年年底前儘可能緊急為枯竭的種群實現這些目標；

(b) 批准或加入和有效執行有關的聯合國漁業協定或安排，並酌情執行有關區域漁業協定和安排，尤其是「執行 1982 年 12 月 10 日聯合國海洋法公約有關保育和管理跨界魚類種群和高度洄游魚類種群的規定的協定」以及 1993 年「促進公海漁船遵守國際保育和管理措施的協定」；

(c) 執行 1995 年「責任漁業行為規約」，並考慮到第 5 款、以及聯合國糧食及農業組織（糧農組織）有關國際行動計畫和技術指導綱要所述開發中國家的特殊需要；

(d) 緊急制定和實施國家行動計畫，並酌情實施區域行動計畫，以實施糧農組織國際行動計畫，特別是「2005 年年底前管理捕撈能力國際行動計畫」和「2004 年年底前預防、阻止和消除非法、不報告和不受規範的捕撈活動國際行動計畫」。建立有效監測、報告和強制執行以及控制漁船（包括由船旗國進行的）機制，以進一步執行預防、阻止和消除非法、不報告和無管制的捕撈活動國際行動計畫；

(e) 鼓勵有關區域漁業管理組織和安排，在審議分配跨界魚群和高度洄游魚種的漁業資源問題時充分考慮到發展中沿海國家的權利，並顧及「聯合國海洋法公約」的規定以及「執行 1982 年 12 月 10 日聯合國海洋法公約有關在公海和專屬經濟區內保育和管理跨界魚類種群和高度洄游魚類種群的規定的協定」；

(f) 消除導致非法、不報告、不受規範和過量捕撈的補貼，完成世界貿易組織（世貿組織）所致力的澄清和改善漁業補貼紀律的工作，並考慮到這一部門對開發中國家的重要性；

第 31 段：按照「二十一世紀議程」第 17 章，透過在各層級的行動，並充分考慮到有關國際文書之規定，來促進永續利用和保育海洋生物資源，以便：

維持重要、脆弱的海洋和沿海地區，包括國家管轄區域之內和以外地區的生產力和生物多樣性；

……

(c) 制定和便利使用多種辦法，包括生態系統辦法、消除破壞性的捕魚方法、建立符合國際公法和依據科學知識的海洋保護區（包括在2012年年底前建立代表性網路以及對保護養漁場及期間的時間／區域限制）、恰當的沿岸土地使用、分水嶺規劃，並將海洋和沿岸地區管理納入關鍵部門；

(d) 制訂國家、區域和國際方案，以停止海洋生物多樣性（包括珊瑚礁和濕地）的消失；

第 32 段：提前執行「保護海洋環境免受陸上活動影響全球行動綱領」和「保護海洋環境免受陸上活動影響蒙特婁宣言」，在各級採取行動，以便：

……

(c) 完成區域行動綱領，並改進海岸和海洋資源永續發展策略計畫的聯繫，且特別注意環境加速變化和遭受發展壓力的領域；

(d) 盡一切努力，在 2006 年下一次全球行動綱領會議舉行之前，取得實質性進展，以保護海洋環境不受陸上活動的影響。

第九節　2009 年港口國措施

為了有效防制 IUU 捕魚活動之存在，聯合國糧農組織漁業委員會（COFI）自 2008 年 6 月起召開四次技術磋商會議，[66]目

[66] 四次會議召開的日期分別為：2008 年 6 月 23-27 日、2009 年 1 月 26-30

的在草擬一份具有法律約束力的文件。最終依據糧農組織漁業委員會（COFI）第 27 屆會議的建議，技術磋商會於 2009 年 8 月 28 日，共有 91 個國家參與之下，最終確定了「預防、制止和消除非法、不報告和不接受規範捕魚的港口國措施協定（簡稱「港口國措施」）」(Agreement on Port State Measures to Prevent, Deter and Eliminate Illegal, Unreported and Unregulated Fishing, Port State Measures Agreement)。[67]在這份協定中，各國一致同意採取若干步驟，加強各自國內港口對非法、不報告和不接受規範捕魚活動的管制。希望能夠有助於阻止非法捕撈魚產品進入國際市場，因而能夠消除誘使某些漁民從事非法捕魚活動的動機。

「港口國措施」將成為首份專門處理非法、不報告和不接受規範捕魚活動的全球性條約。該協定的要點包括：

一、要求入港的外籍漁船必須事先向專門指定的港口申請許可，同時提供其活動及船上漁獲的資訊，相關主管當局將利用這些資訊提前發現危險漁船；[68]

二、要求各國對漁船進行定期審查，並為審查工作制定一系列標準。對船上有關漁具的證明文件、漁獲物及漁船記錄進行審查，以確定該艘漁船是否從事 IUU 捕魚活動；[69]

三、各締約方必須確保其港口和檢驗人員獲得適當裝備和培訓；[70]

日、2009 年 5 月 4-8 日以及 2009 年 8 月 24-28 日。

[67] 港口國措施協定全文見：http://www.fao.org/Legal/treaties/037t-e.pdf. 目前共有 25 國完成簽署及加入，但是該協定尚未生效。

[68] Port State Measures Agreement, Articles 7 and 8.

[69] Port State Measures Agreement, Article 9, paragraph 1.

[70] Port State Measures Agreement, Article 17.

四、如拒絕船舶入港，港口國應公開通報情況，該船舶的船旗國主管部門則應採取後續行動；[71]

五、呼籲建立一個資訊交流網路，使各國能夠共用涉嫌非法捕撈活動船隻的資訊；[72]

六、協定中還包含旨在幫助資源短缺的發展中國家履行其義務的條款。[73]

第十節　小結

本章由近三十年來國際漁業法文件的產生與變遷加以觀察，見到了國際漁業法的發展趨勢，已經由對海洋空間與資源的掠奪，轉變為對於資源的養護與管理。雖然這個過程仍在進行中，但是已經可以見到國際社會，無論是國家政府或是國際組織均對當前海洋漁業資源的現況抱以關心，甚或憂心的態度。同時，吾人亦可見到近年來國際漁業法的發展主軸對於阻遏或打擊 IUU 著墨甚深，其原因在於 IUU 捕魚行為的低風險高利潤誘因吸引著短視近利的不肖業者，而其後果則對人類社會產生諸如糧食安全威脅、生態系統崩潰的嚴重後果，因而對於漁業資源所造成的破壞最為嚴重，所以由加強船旗國管轄、降低國家漁捕能力、明確定義 IUU，到拒絕給予有 IUU 記錄的漁船提供港埠服務等作為，均是在建立一套管制 IUU 捕魚行為的作為，也可反映出當前國際社會重視生態保育的立場。

---

[71] Port State Measures Agreement, Article 20.
[72] Port State Measures Agreement, Article 16.
[73] Port State Measures Agreement, Article 21.

第三章　永續發展與國際漁業法發展

第一節　前言

海洋不僅提供人類活動的空間，也提供了人類在資源層面上的開採與滿足。以生物資源的獲得為例，海洋之廣闊範圍孕育了無數的海洋生物，其間生物資源的循環再生，長期以來被認為是用之不盡、取之不竭。而「公海捕魚自由」也一直被所有國家認為是一種「既有的」或是「無庸置疑的」權利，各國國民均有權在公海上從事漁捕活動。儘管這個觀念遭受到相當大的質疑和批評，但是卻無法改變在公海捕魚上的實踐。有鑑於此，在 1958 年聯合國第一次海洋法會議當中，明定了公海捕魚自由的權利以及應當賦予適當注意的內容。[1]而在 1982 年第三次海洋法會議中不但更確立此項原則，更因應實際需要新加入了「建造國際法所容許的人工島嶼和其他設施」、「科學研究」兩項公海自由。[2]但是，面臨著捕魚技術的日益精進，再加上世

---

[1] 1958 年日內瓦公海公約第二條規定：公海對各國一律開放，任何國家不得有效主張公海任何部份屬其主權範圍。公海自由依本條款及國際法其他規則所定之條件行使之。公海自由，對沿海國及非沿海國而言，均包括下列等項：
一、航行自由。
二、捕魚自由。
三、敷設海底電纜與管線之自由。
四、公海上空飛行之自由。
各國行使以上各項自由及國際法一般原則所承認之其他自由應適當顧及其他國家行使公海自由之利益。

[2] 1982 年聯合國海洋法公約第 87 條規定：
一、公海對所有國家開放，不論其為沿海國或內陸國。公海自由是在

界人口增加、對於動物性蛋白質的攝取需求量大增，現代化的大型漁船艦隊以新式的漁捕技術來攫取漁獲，統計 1950 年至 2008 年之間的漁獲量，由 1,753 萬公噸暴增至 9,074 萬公噸，足足增加了 500%有餘。在此種幾乎毫無節制的濫捕情形下，漁業資源的循環再生速度趕不上漁業捕撈技術的發展，而此種對比更加導致海洋資源量相對的減少。再者，各沿海國對於其鄰接海域管轄權的擴展，將其範圍不斷的擴張（例如領海寬度擴大為 12 浬、200 浬專屬經濟區或專屬漁業區），不僅使得公海範圍逐漸縮減，也導致許多國家的傳統捕魚區遭受到他國之管轄權限制，進而引起相當多的國際糾紛，英國與冰島在 1958 年至 1975 年之間，發生三次的鱈魚戰爭（Cod War）即是重要的案例。因此，各國針對以上情況，對於海洋資源的利用、保育觀念逐漸趨於一致，並凝聚各國對於海洋資源的保育、養護、管理的共識，協調出一連串漁業資源養護管理相關的措施，就海洋資源的「永續發展」（sustainable development）提出正面的意義與行動。

除了前述關於海洋資源永續發展之演進以外，「永續發展」一詞無論在其概念的推展，或是在個別領域的應用上，均顯

本公約和其他國際法規則所規定的條件下行使的。公海自由對沿海國和內陸國而言，除其他外，包括：

航行自由。

飛越自由。

鋪造海底電纜和管道的自由，但受第六部份的限制。

建造國際法所容許的人工島嶼和其他設施的自由，但受第 6 部份的限制。

捕魚自由，但受第二節規定條件的限制。

科學研究的自由，但受第 6 和第 13 部份的限制。

二、這些自由應由所有國家行使，但須適當顧及其他國家行使公海自由的利益，並適當顧及本公約所規定的同「區域」內活動有關的權利。

現出其在實務界的價值。本文即在透過對於永續發展概念的討論以及預防原則（precautionary principle）或預防性措施（precautionary approach）在永續發展理念中意義的討論，進而瞭解永續發展在當前國際法中的意涵。

第二節　永續發展概念之演進及其內涵

與「永續發展」相關的議題最早可以追溯至 1972 年在瑞典首都斯德哥爾摩所召開的「聯合國人類環境會議」（UN Conference on the Human Environment），這可視為全球第一次共同面對潛藏的環境危機，[3]此次會議發表了「斯德哥爾摩宣言」（Stockholm Declaration），[4]它促使工業化國家和開發中國家得以聚在一起，一同勾勒出人類應當生活的環境。在此宣言中，明確指出地球的資源應為當前與未來世代的利益而進行保護，[5]維持地球可再生資源（renewable resources）的再生能力，[6]並在使用非再生資源（non-renewable resrouces）的方式與過程中不致使此種資源在將來被耗竭。[7]此種敘述可說使永續發展的內涵出現雛形。

---

3 Daniel Sitarz, *Agenda 21: The Earth Summit Strategy to Save Our Planet*（Boulder, Colorado: EarthPress, 1994）, pp. 3-4.

4 Stockholm Declaration, http://www.fletcher.tufts.edu/multi/texts/STOCKHOLM-DECL.txt. Visited on 20/1/2011.

5 Stockholm Declaration, Principle 2: The natural resources of the earth, including the air, water, land, flora and fauna and especially representative samples of natural ecosystems, must be safeguarded for the benefit of present and future generations through careful planning or management, as appropriate.

6 Stockholm Declaration, Principle 3: The capacity of the earth to produce vital renewable resources must be maintained and, wherever practicable, restored or improved.

7 Stockholm Declaration, Principle 5: The non-renewable resources of the

1983 年聯合國在其第卅八屆大會中通過成立後來被稱為之「世界環境與發展委員會」(World Commission on Environment and Development, WCED),[8]並因應聯合國大會的緊急要求,負責制定「全球變革日程」(A Global Agenda for Change)。其目的在於:針對公元 2000 年乃至以後年代,提出實現永續發展的長期環境對策;對於在開發中國家之間,和在經濟及社會發展處於不同階段的國家之間,提出將環境議題的關心轉變為更廣泛合作的方法,進而實現共同的、相互支持的目標,這些目標重視人口、資源、環境和發展之間的相互關係;研究能使國際社會更有效地解決環境議題的途徑和方法;協助大家對長遠的環境議題建立共同的理解,並為之付出必要的努力,以便成功地解決保護環境和提高環境品質的議題;制訂出今後十年中的長遠行動計畫,並確立世界社會的理想目標。[9]

1987 年時,聯合國「世界環境與發展委員會」(WCED)在其主席挪威總理布蘭特夫人(Gro Harlem Brundtland)的領導下完成「我們共同的未來」(Our Common Future)報告,在該份報告中詳述全球經濟和生態環境的現狀與未來,並認為追求永續發展需要下列領域的配合:[10]

政治系統:確保公民有效地參與決策;

一、經濟系統:能夠在自我依賴與永續的基礎上產生盈餘與技術知識;

---

earth must be employed in such a way as to guard against the danger of their future exhaustion and to ensure that benefits from such employment are shared by all mankind.

8 A/RES/38/161 (19 December 1983), http://www.un.org/documents/ga/res/38/a38r161.htm. Visited on 20/1/2011.

9 Report of the World Commission on Environment and Development: *Our Common Future*, UN General Assembly, A/42/427 (4 August 1987).

10 *Ibid.*, Chapter 2, para. 81.

二、社會系統：為因不和諧發展而產生之社會緊張提供解決方案；

三、生產系統：尊重維持生態基礎發展之責任；

四、技術系統：能夠持續地尋求新的解決方案；

五、國際系統：加強貿易與金融的永續模式；

六、行政系統：具有彈性，並能擁有自我修正的能力。

這份報告對於經濟發展與環境保護這兩個已然出現衝突的觀念和現象，清楚地提出觀察和看法。國家與政府普遍認為經濟發展和環境保護兩者無法分離，在許多的情形下，經濟發展是以犧牲環境為基礎，然而環境的降級（degradation）卻又會損傷經濟的發展。因此要想解決環境問題或是經濟問題，必須以一較為宏觀的角度切入。在此思考之下，「永續發展」是面對此種衝突的解決方式，全世界的生產、消費方式和消費規模必須控制在地球有限的供給能力範圍之內。該報告並認為：人類共同之未來只有在永續的理念下，為環境保護與經濟發展尋找出相容之道，方有可能。[11]此份報告之提出，其內容並成為 1992 年「聯合國環境與發展大會」（UNCED）與「二十一世紀議程」（Agenda 21）的主要架構。

然而，「永續發展」的真正意義何在？要想釐清「永續發展」的定義，必須先針對領域的背景加以考量，因為不同的主題背景會有不同的意涵，雖然其內容上所指涉的重點是相同的。

例如由自然生態的角度來定義，國際生態學聯合會（The International Association for Ecology, INTECOL）及國際生物科學聯合會（International Union of Biological Science, IUBS）在

---

[11] *Supra* note 9. Also, Marie-Claire Cordonier Segger and Ashfaq Khalfan, *Sustainable Development Law: Principles, Practices, & Prospects*（Oxford: Oxford University Press, 2004）.

1991 年共同主辦永續發展問題研討會，該會議對永續發展的定義為：「保護和加強環境系統的生產及再生能力」。此外，1990 年福曼（R. T. T. Forman）從生物圈的概念解釋永續發展是：「尋求一種最佳的生態系統，以支持生態的完整性和人力願望的實現，使人類的生存環境得以持續」。[12]

從社會學的角度來定義，國際自然與自然資源保護聯盟（International Union for Conservation of Nature and Natural Resources, IUCN）、聯合國環境規劃署（United Nation Environment Programme, UNEP）、及世界自然基金（World Wildlife Fund, WWF）在 1991 年共同發表「保護地球——永續生存的策略」（Caring for the Earth : A Strategy for Sustainable Living），將永續發展定義為：在生存於不超出維持生態系統涵容能力下，改善人類的生活品質。並提出人類永續生存的九條基本原則，強調人類生產與生活方式要與地球承載能力保持平衡，保護地球的生命力和生物多樣性。[13]

從經濟面向來定義，1985 年巴比爾（Edward B. Barbier）在其著作「經濟、自然資源、不足與發展」（Economic, Natural Resource, Scarcity and Development：Conventional and Alternative Views）中，將永續發展定義為：在確保自然資源的品質及其所提供服務的前提下，使經濟發展的淨利益增加到最大的限度。世界資源研究所（World Resource Institute, WRI）在 1992 年也從經

---

[12] World Commission on Environment and Development, *Our Common Future*（Oxford: Oxford University Press, 1987）, p. 43.

[13] *Ibid.*並見 IUCN, UNEP, and WWF, *Caring for the Earth: A Strategy for Sustainable Living*（Switzerland: Gland, 1991）其內容見：http://coombs.anu.edu.au/~vern/caring/care-earth1.txt, Visited on 20/1/2011.

濟角度將永續發展定義為不降低環境品質與不破壞世界自然資源基礎的經濟發展。[14]

而若由科技方面來定義，1989 年史佩斯（James Gustava Spath）從科技選擇的角度擴展永續發展的定義，他認為：永續發展就是轉向更清潔、更有效的技術，儘可能使用達到「零排放」或「密閉式」的製程方式，儘可能減少能源和其他資源的消耗。此外世界資源研究所（WRI）在 1992 年也從技術角度來探討永續發展的定義，認為：永續發展是建立極少產生廢料和污染物的製程或技術系統，更進一步而論，污染並不是工業活動不可避免的結果，而是技術差、效率低的表現。[15]

吾人若回歸至「永續發展」一詞在「我們共同的未來」報告中的說法，其將「永續發展」的概念定義為：[16]

> 「發展」符合當前世代的需求，但不必損及未來世代滿足其需求的能力。它包含了兩個主要的觀念，第一是『需求』的觀念，特別對於世界上貧窮國家的需求，應當賦與優先的考慮；其次是對於國家科技與社會組織對環境的限制，使之能符合當前與未來的需求。「括弧內文字為作者所加」

此等概念於 1992 年 6 月「聯合國環境暨發展會議」（UNCED）中亦被充分討論，並將「永續發展」概念融合於會議所通過的「里約環境與發展宣言」（Rio Declaration on Environment and Development）中。

---

14 *Supra* note 12.
15 *Ibid.*
16 World Commission on Environment and Development, *Our Common Future*（Oxford: Oxford University Press, 1987）, p. 43.

例如，宣言之原則三：「發展的權利必須被實現，以便能公平的滿足今世後代在發展與環境方面的需要。」[17]原則四：「為了實現永續發展，環境保護工作應是發展進程的一個整體構成部分，無法脫離此一進程而予以單獨考慮。」[18]原則 27 更明白揭示：「所有國家和人民均應誠意地一本夥伴精神，合作實現本宣言所體現的各項原則，合作推動永續發展方面的國際法之進一步發展。」[19]這些皆是對「永續發展」精神的展現。

從以上所述，若將「永續發展」之意涵推演開來，筆者認為應可從下列四個層面對其概念獲得理解：

一、適當的管理並使用資源，使其能持續地供人類使用；

二、尊重後代子孫對於資源與環境的使用權，為後代子孫留下使用資源的機會；

三、透過適當的管理機制，使各國在資訊方面能夠充分地交流與整合，使各國在生態資源環境的保護與管理方面能夠充分地合作；

四、建立可行的保護與管理制度，並使各國能夠確實遵守。

---

[17] Rio Declaration on Environment and Development, Principle 3: The right to development must be fulfilled so as to equitably meet developmental and environmental needs of present and future generations. See http://www.c-fam.org/docLib/20080625_Rio_Declaration_on_Environment.pdf. Visited on 18/12/2010.

[18] Rio Declaration on Environment and Development, Principle 4: In order to achieve sustainable development, environmental protection shall constitute an integral part of the development process and cannot be considered in isolation from it.

[19] Rio Declaration on Environment and Development, Principle 27: States and people shall cooperate in good faith and in a spirit of partnership in the fulfilment of the principles embodied in this Declaration and in the further development of *international law* in the field of sustainable development.

第三節　永續發展概念
在國際漁業法發展中的意義

在 1992 年 6 月召開之「聯合國環境暨發展會議」（UNCED）中，與會者對於全球環境保育和資源利用進行廣泛的討論，而海洋漁業更是會議中積極討論的重點。與會者認為所有的海洋環境均應受到妥善的保護，對於其中資源的開發也應朝向合理的利用。此次會議通過發表里約環境與發展宣言（Rio Declaration on Environment and Development，簡稱「里約宣言」（Rio Declaration））、二十一世紀議程（Agenda 21）、森林原則（Forest Principles）、氣候變遷綱要公約（Framework Convention on Climate Change, UNFCCC）、和生物多樣性公約（Convention on Biological Diversity）等五份文件。

在「二十一世紀議程」中的第 17 章第 C 節裡也認為為了確保海洋生物資源的永續利用，強調各有關國家應當確保公海漁業受到海洋法的規範，並應盡力維護管轄範圍內外的洄游魚類。[20]

在上述諸份文件中，「永續發展」均被賦予重要的地位，事實上永續發展無論在資源利用或是環境保育層面，都有著密切的關係，而永續發展所也會直接或間接地影響到漁捕或是與其相關的海洋活動。漁業資源具有兩項特色，亦即是再生性與洄游性。前者表示只要經由適當的養護與管理措施，即可永續利

[20] Tullio Treves, “The Protection of the Oceans in Agenda 21 and International Environmental Law”, in L. Campiglio, et al., eds., *The Environmental after Rio: International Law and Economics*, London: Graham & Trotman, 1994）, pp. 166-168.

用該種資源；[21]而後者則係指漁業資源（特別是高度洄游與跨界魚群）的移動並不會受到人為國界的限制，換句話說，若是過度執著於人為國界的劃分，而忽略生物資源的活動範圍，則反將破壞該種資源的存續，反無法達到永續開發的目的。值得吾人注意的是，若由樂觀的角度來看，漁業資源所具有的這兩種特色卻能夠進一步地促進相關國家的合作。

聯合國海洋法公約第 118 條即載明了國家間應當如何養護與管理公海生物資源：

> 各國應互相合作以養護和管理公海區域內的生物資源。凡其國民開發相同生物資源，或在同一區域內開發不同聲物資源的國家，應進行談判，以期採取養護有關生物資源的必要措施。為此目的，這些國家應在適當情形下進行合作，以設立次區域或區域漁業組織。

第四節　預防性措施在永續發展上的意涵

資源永續發展的概念在近三十年的時間中成為國際環境法律體系的重要理念，除此主軸性質的理論發展之外，另有若干對於環境保護的理論在這個發展過程裡被加以確定，並成為資源永續發展的諸多支持理論。對於將環境保護理念落實在實務的操作中，普遍理解並且能夠被接受的想法是：與其在環境遭受破壞後再思回復之道，不如在破壞之前即終止某些可能的因素或行為，因為回復的成本太高，而事先的防範不僅低成本且高效率。在此思考原則之下，「預防性措施」（precautionary

[21] Michael R. Ross, *Fisheries Conservation and Management*（New Jersey: Prentice Hall, 1997）.

approach）便成為落實環境保護政策的政策思考原則之一，也隨著立法部門的接受而進入法律規範的內容。

由國際法的發展層面來看，已經出現若干的國際法律規則要求國家在發展或是利用其自然資源時，應當採取「永續的」態度。然而這是否意味對於國家的行為有著明確的約束力？這在國際法的實踐和發展上仍然有著爭論。

Philippe Sands 提出七項與永續發展相關的國際法原則，分別是：[22]

一、斯德哥爾摩宣言原則 21 與里約宣言原則 2（關於自然資源的主權和不導致破壞環境的責任）；

二、睦鄰原則和國際合作；

三、共有但是責任有所區別的原則；

四、良好支配原則，包括了參與民主；

五、預防行為原則（The Principle of Preventive Action）；

六、預防性作為原則（The Precautionary Principle）；

七、污染者付費原則。

為符合本書探討方向，以下僅就相關的原則提出進一步說明。

首先是關於斯德哥爾摩宣言原則 21 與里約宣言原則 2，此二項原則表明了國家對於其自然資源擁有開發的主權權利，但是但是這種權利的行使並非毫無限制的，而且國家也有義務不會因為開發的後果而損及環境。而隨著若干國際公約（例如生物多樣性公約（Biodiversity Convention）和氣候變遷公約

[22] Philippe Sands, "International Law in the Field of Sustainable Development : Emerging Legal Principles", in Winfried Lang, ed., *Sustainable Development and International Law*（London: Graham & Trotman, 1995）, p. 62.

（Climate Change Convention））納入這種原則，並且為國際社會所接受，使得此種原則有成為習慣國際法的趨勢。[23]

其次是國際合作的原則，這種原則幾乎在所有的國際環境協定中均會出現，而其內容則包括了相關國家（特別是鄰國）間對於環境影響評估的資料、確使鄰國間能夠取得必備資訊的技術（例如資訊交換、諮詢與通知等）、緊急資訊之通知、跨界的執法能力與安排等。[24]

再者是預防原則，「預防性措施」的觀念是在 1992 年巴西里約熱內盧所召開的地球高峰會中所訂立的原則，在該次會議宣言的原則 15 中宣示：[25]

> 為了保護環境的目的，各國應依其各自的能力，廣泛性地適用預防性措施。若有嚴重的或是無法逆轉的傷害或威脅，缺乏完整科學依據將不可作為延緩避免環境降級的藉口。

關於「預防性措施」的規定亦可在 1995 年「魚種協定」[26]第 6 條第 1 項及第 2 項中得知：

---

[23] *Ibid.*

[24] *Ibid*, p. 63.

[25] Rio Declaration on Environment and Development, Principle 15: In order to protect the environment, the precautionary approach shall be widely applied by States according to their capabilities. Where there are threats of serious or irreversible damage, lack of full scientific certainty shall not be used as a reason for postponing cost-effective measures to prevent environmental degradation. *Supra* note 17. Also, David Freestone and Ellen Hey, “Origins and Development of the Precautionary Principle”, in David Freestone and Ellen Hey, eds., *The Precautionary Principle and International Law: the Challenge of Implementation*（The Hague: Kluwer Law International, 1996）, p. 3.

[26] 1995 Agreement for the Implementation of the Provisions of the United

第 6 條　預防性作為的適用

一、各國對跨界魚群和高度洄游魚群的養護、管理和開發，應廣泛適用預防性措施，以保護海洋生物資源和保全海洋環境。

二、各國在資料不明確、不可靠或不充足時應更為慎重。不得以科學資料不足為由而推遲或不採取養護和管理措施。

由以上的條文內容，可以理解「預防性措施」即是在認為對海洋環境會產生影響時，立即採行預防性或補救性措施，也就是任何的決策都應著眼於維護漁業資源安全的角度。換句話說，這種思考方式正是科學證據與政策思考之間的轉變。[27]更進一步來看，不需等到不利於環境的最後科學證據之呈現，即可採行任何預防性或補救性措施。這種思考對於決策者來說是一種新的思維和挑戰，因為他們必須要將對於環境影響的可能性與不確定性列入其決策的參考因素，而非將之作為不決策的藉口。[28]

Nations Convention on the Law of the Sea of 10 December 1982 Relating to the Conservation and Management of Straddling Fish Stocks and Highly Migratory Fish Stocks, Articles 6(1)and 6(2) read: "6(1) States shall apply the precautionary approach widely to conservation, management and exploitation of straddling fish stocks and highly migratory fish stocks in order to protect the living marine resources and preserve the marine environment; 6(2) States shall be more cautious when information is uncertain, unreliable or inadequate. The absence of adequate scientific information shall not be used as a reason for postponing or failing to take conservation and management measures." See http://www. un.org/Depts/los/convention_agreements/texts/fish_stocks_agreement/CONF164_37.htm. Visited on 10/12/2010.

[27] Ellen Hey, "The Precautionary Approach: Implications of the Revision of the Oslo and Paris Conventions", *Marine Policy*, Vol. 15（1991）, p. 245.

[28] *Ibid.*一些學者亦有類似的看法，見 James Cameron and Juli Abouchar,

「預防性措施」在其初始的應用上係為環境科學的領域，就此一觀念的發展歷史來看，1987 年的「第二屆保護北海國際會議宣言」（Declaration of the Second International North Sea Conference on the Protection of the North Sea）可以視為濫觴，在該份宣言中表示：「為使北海免於受到大多數有害物質的損害，在得知完整且清楚的科學證據之前，預防性措施有其必要。」[29]之後透過多項國際公約或協定，參與國家均表達了對於「預防性措施」的重視，並且確認該作為是維護及保存海洋環境的重要手段。亦有學者研究指出，「預防性措施」的思考係源自於德國國內法的規定，並且也被認為是德國環境政策中重要的原則之一。[30]

在里約地球高峰會之後，「預防性措施」的觀念廣為國際社會所接受，並出現在許多涉及環境保護的國際協定中，例如 1992 年東北大西洋海洋環境保護公約(1992 Convention for the Protection of the Marine Environment of the North-East Atlantic）、[31] 1992 年聯合國氣候變遷綱要公約（1992

"The Precautionary Principle: A Fundamental Principle of Law and Policy for the Protection of the Global Environment", *Boston College International & Comparative Law Review*, Vol.14（1991）, p. 2.

[29] Ministerial Declaration, Second International Conference on the Protection of the North Sea, London, 24-25 November 1987, Paragraph VII, "[I]n order to protect the North Sea from possibly damaging effects of the most dangerous substances, a precautionary approach is necessary which may require action to control inputs of such substances even before a causal link has been established by absolutely clear scientific evidence;……"See: http://www.seas-at-risk.org/1mages/1987%20London%20Declaration.pdf. Also, Freestone and Hey, *supra* note 25, p. 5.

[30] P. L. Gündling, "The Status in *International Law* of the Principle of Precautionary Action," in David Freestone and T. Ijlstra, eds., The North Sea: Perspectives on Regional Environmental Cooperation（London: Graham & Trotman, 1990）, pp. 23-30.

[31] 1992 Convention for the Protection of the Marine Environment of the

UNFCCC）、[32]1992 年生物多樣性公約（1992 Convention on Biological Diversity）、[33] 1993 年保護黑海部長宣言（1993 Ministerial Declaration on the Protection of the Black Sea）、[34] 2000 年卡塔吉那生物安全議定書（Cartagena Protocol on Biosafety to the Convention on Biological Diversity）[35]等。

North-East Atlantic, Article 2(2)(a) reads: "the precautionary principle, by virtue of which preventive measures are to be taken when there are reasonable grounds for concern that substances or energy introduced, directly or indirectly, into the marine environment may bring about hazards to human health, harm living resources and marine ecosystems, damage amenities or interfere with other legitimate uses of the sea, even when there is no conclusive evidence of a causal relationship between the inputs and the effects." See http://www.ospar.org/html_documents/ospar/html/ OSPAR_Convention_e_updated_text_2007.pdf. Visited on 10/12/2010.

[32] 1992 United Nations Framework Convention on Climate Change, Article 3(3)reads: "The Parties should take precautionary measures to anticipate, prevent or minimize the causes of climate change and mitigate its adverse effects. Where there are threats of serious or irreversible damage, lack of full scientific certainty should not be used as a reason for postponing such measures, taking into account that policies and measures to deal with climate change should be cost-effective so as to ensure global benefits at the lowest possible cost."See http://unfccc.int/resource/docs/convkp/conveng.pdf. Visited on 10/12/2010.

[33] 1992 Convention on Biological Diversity, Preamble: "Noting also that where there is a threat of significant reduction or loss of biological diversity, lack of full scientific certainty should not be used as a reason for postponing measures to avoid or minimize such a threat." See: http://www.cbd.int/doc/legal/cbd-en.pdf. Visited on 10/12/2010.

[34] 1993 Ministerial Declaration on the Protection of the Black Sea, Preamble: "……they confirm their commitment to integrated management and sustainable development of coastal areas and the marine environment under their national jurisdiction and will base their policies on the following: - A precautionary approach;……" See: http://www.blacksea-commission.org/_odessa1993.as p. Visited on 10/12/2010.

[35] 2000 Cartagena Protocol on Biosafety to the Convention on Biological Diversity, Article 1 reads: "In accordance with the precautionary approach

除此之外，1972 年斯德哥爾摩宣言[36]和 1992 年里約宣言[37]以相同的文字宣示了一個概念：符合聯合國憲章及國際法原則的規定之下，國家有依據其環境政策開發其資源的主權權利，也有責任確保在其管轄或控制能力之內的行為不致對位於國家管轄權範圍之外的其他國家或區域之環境造成傷害。這表明了國家對於其自然資源擁有開發的主權權利，但是這種權利的行使並非毫無限制的，而且國家也有義務不會因為開發的後果而損及環境。而隨著前述若干國際公約納入這種原則，並且為國際社會所接受，使得「預防性措施」有成為習慣國際法的趨勢。

contained in Principle 15 of the Rio Declaration on Environment and Development, the objective of this Protocol is to contribute to ensuring an adequate level of protection in the field of the safe transfer, handling and use of living modified organisms resulting from modern biotechnology that may have adverse effects on the conservation and sustainable use of biological diversity, taking also into account risks to human health, and specifically focusing on transboundary movements." See http://www.humboldt.org.co/download/cgnaeng.pdf. Visited on 10/12/2010.

[36] Stockholm Declaration, Principle 21: States have, in accordance with the Charter of the United Nations and the principles of international law, the sovereign right to exploit their own resources pursuant to their own environmental policies, and the responsibility to ensure that activities within their jurisdiction or control do not cause damage to the environment of other States or of areas beyond the limits of national jurisdiction. *Supra* note 4.

[37] Rio Declaration on Environment and Development, Principle 2: States have, in accordance with the Charter of the United Nations and the principles of international law, the sovereign right to exploit their own resources pursuant to their own environmental and developmental policies, and the responsibility to ensure that activities within their jurisdiction or control do not cause damage to the environment of other States or of areas beyond the limits of national jurisdiction.

第五節　預防性措施的國際法地位

由 1980 年代末期至 1990 年代初期所累積出的國際實踐，若干學者認為「預防性措施」已經成為習慣國際法的一部份。[38] 這些學者認為構成習慣國際法的兩項因素分別為：國家實踐和法律義務的意識（opinio juris sive necessitatis）。前者係指國家的行為與實踐具體表現出某一習慣規則持續與一致的實踐，而後者則表現出國家的實踐係依據國際法而來。[39]而且，締結條約的行為也可視為對某些習慣規則的肯定。[40]

英國牛津大學國際法教授 Ian Brownlie 更明確地指出雖然習慣法則的來源極為多元，但是仍可辨認出具有下列要素：[41]

一、外交書函的往返（diplomatic correspondence）;

二、政策宣告（policy statement）;

三、新聞之發表（news releases）;

四、官方法律顧問的意見（the opinions of official legal advisors）;

五、對於法律問題的官方實際操作（official manuals on legal questions），這包括了軍事法律的規範、行政決策與實踐、對海軍的命令與規律等；

---

[38] James Cameron and Juli Abouchar, “The Status of the Precautionary Principle in International Law”, in Freestone and Hey, eds., *supra* note 25, pp. 30-31, 34-50.

[39] *Ibid.*, p. 35; Also, Robert Jennings and Arthur Watts, eds., *Oppenheim's International Law*, 9th edition（London and New York: Longman, 1996）, pp. 30-31.

[40] Cameron and Abouchar, *supra* note 38, p. 35.

[41] Ian Brownlie, *Principles of Public International Law*, 5th ed.（Oxford: Clarendon Press, 1998）, p. 5.

六、政府對於國際法委員會制訂之草案的評論（comments by governments on drafts produced by the International Law Commission）；

七、國家立法（state legislation）；

八、國際與國內司法判例(international and national judicial decisions）；

九、條約及其他國際文件的說明（recitals in treaties and other international instruments）；

十、條約以相同形式表現（a pattern of treaties in the same form）；

十一、國際組織的實踐(the practice of international organs）；

十二、聯合國大會對於法律問題的決議案（resolutions relating to legal questions in the United Nations General Assembly）。

若以締結條約的行為而論，多份國際法律性質的文件均已出現「預防性措施」的文字及意涵，並要求簽署的國家能夠遵守。例如，1992 年「生物多樣性公約」[42]在其前言中明確標示出預防原則的運用：「生物多樣性受到嚴重減少或損失的威脅時，不應以缺乏充分的科學定論為理由，而延緩採取旨在避免或儘量減輕此種威脅的措施」。[43]同時在公約本文第 2 條中，以「使用生物多樣性組成部分的方式和速度不會導致生物多樣性

[42] 「生物多樣性公約」對於「生物多樣性」的定義為：所有來源的形形色色生物，這些來源除其他外，包括了、陸地、海洋、和其他水生生態系統及其所構成的生態綜合體；這包括物種內部，物種間和生態系統的多樣性。而對「永續發展」的定義為：生物多樣性組成部分的方式和速度不會導致生物多樣性的長期衰落，從而保持其滿足今世後代的需要。

[43] *Supra* note 33。

的長期衰落，從而保持其滿足今世與後代的需要和期望的潛力」之敘述，[44]更加確定了永續利用的原則。若就 1992 年地球高峰會對於「二十一世紀議程」的討論，以及 1995 年「履行協定」的制訂過程加以檢視，「預防性措施」有其理由被視為習慣國際法之一部份。[45]

而在國際組織（特別是聯合國）的實踐中，「預防性措施」也屢被提及，例如聯合國大會之「海洋與海洋法開放非正式諮詢程序」（United Nations Open-ended Informal Consultative Process on Oceans and the Law of the Sea）中，即提及 1995 年「履行協定」在應用「預防性措施」上的努力，並認為適用此一原則對於保護脆弱的公海生態系統具有重要性。[46]而在非政府國際組織方面，總部設於倫敦的國際法學會（International Law Association）之永續發展國際法委員會（International Law on Sustainable Development Committee）在 2002 年印度新德里年會中提出七項關於永續發展在國際法領域中的原則（又稱「新德里原則」（New Delhi Principles）），分別為：確保自然資源永續利用的國家責任（the duty of States to ensure sustainable use of natural resources）、正義與消滅貧窮原則（the principle of equity and the eradication of poverty）、共同但有區別原則（the principle

---

[44] Convention on Biological Diversity, Article 2 Use of Terms: "Sustainable use" means the use of components of biological diversity in a way and at a rate that does not lead to the long-term decline of biological diversity, thereby maintaining its potential to meet the needs and aspirations of present and future generations. *Supra* note 33.

[45] Cameron and Abouchar, *supra* note 38, p. 37.

[46] “The need to protect and conserve vulnerable marine ecosystems in areas beyond national jurisdiction”, in United Nations Open-ended Informal Consultative Process on Oceans and the Law of the Sea, Fourth Meeting, 2-6 June 2003, UN A/AC.259/8（22 May 2003）, para. 14.

of common but differentiated responsibilities)、針對人類健康、自然資源和生態系統之預防性措施原則(the principle of the precautionary approach to human health, natural resources and ecosystems)、公眾參與和取得資訊與正義原則(the principle of public participation and access to information and justice)、良性治理原則(the principle of good governance)、以及整合與共同關係原則，特別是關於人權及社會、經濟與環境議題(the principle of integration and interrelationship, in particular in relation to human rights and social, economic and environmental objectives)。這些原則並且在同年被聯合國大會採納，成為聯合國的一項正式文件。[47]

在國際環境法律體制的發展過程中，所謂的「軟法(soft law)」扮演了一個重要的角色，而由永續發展概念的推演中，更可以看到「軟法」的存在與影響。學術界一般認為「軟法」是調整國家之間在保護和改善環境過程中所產生的各種企圖具有約束力之規範的總稱，其淵源主要來自於國際環境保護條約、國際習慣、各國所普遍承認的一般法律原則等。至於國際組織和國際會議所通過的一些決議、宣言、憲章、行動計畫等，雖然對各國不具有強制性的約束力，但對各國進行合作以保護全球環境的目標卻有著「軟法」的作用。

針對某些不具條約法律拘束力的文件，「軟法」此一名詞雖然表現出某一文件或條文本身並非法律的特性，但是在國際法律制度發展的架構與過程中，卻又無法忽略其存在的重要性，特別是「軟法」在實際上發揮了原則性的規範作用。英籍國際

---

[47] UN General Assembly, A/57/329(31 August 2002).關於國際法學會永續發展國際法委員會之年會報告，見：ILA Website, http://www.ila-hq.org。

法教授 Malcolm Shaw 曾經表示，軟法非法，但這並不表示軟法不具法律效力，因為一份文件並不需要具備法律效力之後方能在國際間發揮其影響力。[48]而就前述關於永續發展或是其中原則之一的預防性措施在近代國際社會與國際法律體制的形成過程觀之，此一對於環境保護或是資源利用影響深遠的概念，應已構成國際法律體系中的一個重要部分。[49]

第六節　對國際漁業法的影響

「預防性措施」在國際環境保護法律體系中扮演了重要的角色，特別是在決策的過程中，往往成為國家或是國際組織的決策參考，而「永續發展」也成為環境保護的目標。由於國際漁業法的發展與海洋生態的保護與管理有密切的關係，因而「永續發展」和「預防性措施」也在諸多與漁業養護和管理的國際文件中出現，而在區域性漁業管理組織的情形下，由於架構該組織的公約出現「永續發展」和「預防性措施」之文句與規範，因而使得前者成為該組織的發展目標，後者則是決策的重要參考。又因公約或組織所通過的決議對於會員具有拘束的影響力，因而使得「永續發展」和「預防性措施」又會深入各會員的國內政策中。以下即是幾個國際文件對於前述觀念的應用情形：

1995 年「魚種協定」之主要目標在於減少過度捕撈（overfishing）以及過剩之漁捕能力（excessive fishing capacity），

---

[48] Malcolm N. Shaw, *International Law*, 4th edition（Cambridge: Cambridge University Press, 1997）, pp. 92-93.

[49] Marie-Claire Cordonier Segger and Ashfaq Khalfan, *Sustainable Development Law: Principles, Practices, and Prospects*（Oxford: Oxford University Press, 2004）.

俾能確保永續利用漁業資源。因此在前言中即指出因公海漁業管理不足以及資源過度利用問題之存在，各國應透過合作以避免對海洋環境造成不利之影響，保持生物多樣性，維持海洋生態系統之完整性，應儘量減少捕魚作業可能產生長期或不可逆轉影響的危險。為了達到跨界魚群和高度洄游魚群的長期養護與永續經營目標，特別著重魚群之養護管理和國際合作機制。而「預防性措施」即是在「魚種協定」中的一項設計，亦即指在資訊不明確、不可靠或不充足時，國家或國際組織對其漁業資源的養護與管理應當慎重，更不得以科學資料不充足為理由，而延遲或拒絕採取適當之養護與管理措施。此一原則即明確地規範在「魚種協定」中：「各國在資料不明確、不可靠或不充足時應更為慎重。不得以科學資料不足為由而延遲或不採取養護和管理措施」(第 6 條第 2 項)；「就新漁業或試捕性漁業而言，各國應盡快制定審慎的養護和管理措施，其中應特別包括捕獲量與努力量的極限」(第 6 條第 6 項)；「如某種自然現象對跨界魚類種群或高度洄游魚類種群的狀況有重大的不利影響，各國應緊急採取養護和管理措施，確保捕魚活動不致使這種不利影響更趨惡化。捕魚活動對這些種群的可持續能力造成嚴重威脅時，各國也應緊急採取這種措施」(第 6 條第 7 項)。此外，「魚種協定」的附件二則規範了適用預防性參考點的準則，即是養護管理此二類魚群時，依據科學程序推算之估計值，設立保育跨界魚群與高度洄游魚種之養護與管理參考點，使各國能夠確保漁業資源的最佳使用狀態。

而在 1995 年「責任漁業行為準則」第 6 條第 5 款中亦出現類似的文字：[50]

---

[50] Code of Conduct for Responsible Fisheries, Article 6 (5) : Article 6 (5) :

> 各國和次區域性及區域性漁業管理組織，在考慮到可利用之最佳科學證據，應採用廣泛的預防性措施，以養護、管理和開發水產生物資源，俾保護此等資源及保存其水產環境。
>
> 缺乏適當之科學資訊不應作為對目標物種、從屬物種或依賴性物種與非目標物種及其環境保育延遲或不採取措施之理由。

在「漁捕能力管理國際行動計畫」（IPOA-Capacity）中，則強調了漁捕能力管理和預防性措施與永續利用之間的關係：[51]

> 漁捕能力之管理應以設計達到與預防性措施符合之魚種養護與永續利用，降低混獲、浪費、丟棄及確保選擇性且環境無害的漁撈方式之必要，保護海洋環境中之生物多樣性，以及保護棲地，特別是需要特殊關切之棲地。

States and subregional and regional fisheries management organizations should apply a precautionary approach widely to conservation, management and exploitation of living aquatic resources in order to protect them and preserve the aquatic environment, taking account of the best scientific evidence available. The absence of adequate scientific information should not be used as a reason for postponing or failing to take measures to conserve target species, associated or dependent species and non-target species and their environment.

[51] IPOA-Capacity, Article 9: The management of fishing capacity should be designed to achieve the conservation and sustainable use of fish stocks and the protection of the marine environment consistent with the precautionary approach, the need to minimize by-catch, waste and discard and ensure selective and environmentally safe fishing practices, the protection of biodiversity in the marine environment, and the protection of habitat, in particular habitats of special concern.

而在區域性漁業管理組織的實踐中，可以明顯看到此種規範的應用。例如中西太平洋漁業委員會（WCPFC）公約則將「魚種協定」的相關內容加以轉化納入：[52]

第六條

2. 委員會會員在資訊不明確、不可靠或不充分時應更為慎重。不應以欠缺適當的科學資訊作為延遲或不採行養護與管理措施的理由。
6. 若一自然現象對高度洄游魚類種群之狀況有顯著的負面衝擊，委員會會員應採取緊急的養護與管理措施，以確保捕魚活動不致使此一負面衝擊更形惡化。

在後續的發展中，「美洲熱帶鮪魚委員會」（IATTC）於 2003 年修訂通過的安地瓜公約（Antigua Convention）則以完整的條文，將「預防性措施」的內涵加以表達：[53]

---

[52] WCPFC Convention, Article 6 (2) : Members of the Commission shall be more cautious when information is uncertain, unreliable or inadequate. The absence of adequate scientific information shall not be used as a reason for postponing or failing to take conservation and management measures. Article 6(6): If a natural phenomenon has a significant adverse impact on the status of highly migratory fish stocks, members of the Commission shall adopt conservation and management measures on an emergency basis to ensure that fishing activity does not exacerbate such adverse impacts.

[53] IATTC Antigua Convention,
Article IV. Application of the Precautionary Approach
1. The members of the Commission, directly and through the Commission, shall apply the precautionary approach, as described in the relevant provisions of the Code of Conduct and/or the 1995 UN Fish Stocks Agreement, for the conservation, management and sustainable use of fish stocks covered by this Convention.
2. In particular, the members of the Commission shall be more cautious

第四條　預防性作法之適用

1. 為養護、管理及永續利用公約涵蓋的魚類種群，委員會會員應直接或透過委員會，適用如「行為準則」及／或「1995 年聯合國魚類種群協定」相關條文所述之預防性作法。
2. 委員會會員在資訊不確定、不可靠或不充足時應更為審慎，不得以科學資訊不充足為由而延遲或不採取養護與管理措施。
3. 如目標種群或非目標或相關或附屬種之狀態令人關切，委員會會員應對此類種群及魚種加強監測，以審查其狀態及養護與管理措施之效力，各會員應根據新的資料定期修訂該等措施。

同時，對於非政府間國際組織（NGO）來說，基於其重要的監督功能，亦會對於區域國際漁業管理組織的作為加以嚴密觀察。例如世界自然基金（WWF）即認為植基於預防和生態系統措施、以及最佳可得的科學訊息所構建而成的養護與管理策略是永續漁業的核心，並進一步批評對於無法做到的鮪魚區域漁業管理組織，因為不永續的高捕獲率，使得這些組織的存在價值有所動搖。[54]

---

when information is uncertain, unreliable or inadequate. The absence of adequate scientific information shall not be used as a reason for postponing or failing to take conservation and management measures.

3. Where the status of target stocks or non-target or associated or dependent species is of concern, the members of the Commission shall subject such stocks and species to enhanced monitoring in order to review their status and the efficacy of conservation and management measures. They shall revise those measures regularly in the light of new scientific information available.

[54] WWF, “Progress Made by Tuna Regional Fisheries Management Organizations （ RFMOs ）”, see http://assets.panda.org/downloads/

第七節　小結

學者 Segger 與 Khalfan 對於「永續發展」此一持續演進的概念提出了若干觀察，認為仍有些考量必須留意：第一，由於永續發展法牽涉的範圍極廣，包括了貿易法、人權法、環境法等層面，當前僅有為數極少的法學家或是法律實務工作者，在其專長領域上能夠擴及這些層面。第二，在永續發展的架構中，經濟法、社會法與環境法之間需要整合與協調，以實現更有系統的、有原則的、和均衡的內涵。第三、由於永續發展法在整合上的特性，以及強調不同領域間的互動與協調表現，這將無可避免地弱化了個別領域的表現。[55]

自 1970 年代開始對於「永續發展」的概念和落實進行討論，此種發展過程至今已達三十餘年，「永續發展」的內涵也已經深入各個學術及應用領域中，然而此一概念是否已經形成國家的必須實踐？易言之，此一概念是否成為習慣國際法的一環，因而成為必須履行的行為規範？本文作者抱持樂觀且正面的看法，因為透過了國際社會長期以來的實踐，無論在國內法領域，亦或是透過了國家間的條約協定，均可見到「永續發展」或是其原則之一的「預防性措施」之實際規範或是隱含的精神。同時，這也驗證了「永續發展」仍將在環境保護政策領域和法律領域中持續保持影響的地位。

---

rfmo_doc_1.pdf. Visited on 12/12/2010.

[55] *Supra* note 49, pp. 369-371.

第四章　魚產品貿易與國際漁業法發展

第一節　前言

當前國際間普遍認知到一個漁業發展的事實，由於民間捕魚設備和技術的進步，再加上政府在補貼政策上的鼓勵，推波助瀾地造成了許多魚類資源被過度地捕撈，當前已經是需要糾正的時候，海洋的生產力方能恢復。儘管目前有許多關於漁業管理的措施存在，但衡量全球漁業資源的情況，其前景仍然令人擔憂。美國前瞻政策研究所（Progressive Policy Institute, PPI）於 2004 年發表一份研究報告提到，全球魚產品的貿易額約在 560 億美元左右，各國的漁業補貼總額約達 150 億美元之多，報告中更指出漁船的產能不斷增加，將導致漁業資源的過度開發，[1]進而影響魚產品的供應。在魚產品已經成為人類重要生物蛋白質來源的情形下，供應量的降低或是不穩定，將會成為形成糧食危機的重要原因之一，由此可見魚產品在維持糧食安全上的重要性。[2]

在涉及魚產品貿易之諸多項目中，本章特別著重在漁業補貼議題的發展上，主要的原因在於原本屬於產業發展政策的「補貼」作為，當其應用在漁業時，卻會間接或直接地造成破壞漁

---

[1] Progressive Policy Institute（PPI）, "Fish Subsidies are $15 Billion a Year", Trade Fact of the Week,（28 January 2004）. Http://www.dlc.org. Visited on 20/12/2010.

[2] FAO, Committee on Fisheries, *Decisions and Recommendations of the Twelfth Session of the Sub-Committee on Fish Trade* (COFI/2011/3), Buenos Aires, Argentina, 26-30 April 2010, para. 24.

業資源的後果。再加上政府為了透過魚產品提供民眾動物性蛋白質，以滿足糧食安全的需求，或是發展漁業，將輸出魚產品作為賺取外匯的一種手段，其構成的結果將會使漁業資源被耗竭的速度更快。

支持漁業部門的方法有多種形式：建造新船的獎勵金、更新設備的獎勵金、優惠的貸款、免稅、徵稅、降低價格（特別是燃料、餌料、和冰塊等）、基礎設施和公共開支、提供公共服務等。換句話說，透過財政方面的支持，各國政府都投入了相當多的費用。這乃成為當今於國際社會熱烈討論的「漁業補貼」議題，也可於許多國際組織的文件中見到對於此一議題的檢討。[3]本章乃針對若干重要組織的態度和立場，分析「漁業補貼」的內涵，及其對於漁業管理和法律方面的影響。在「漁業補貼」議題方面的討論，原是 WTO 杜哈回合談判的諸多議題之一，但是杜哈回合談判至今，「漁業補貼」卻已成為意見紛歧的議題之一，原因即在於國家的海洋漁業利益不同，還有對於海洋環境的認知不同之故。然而，國家在漁業補貼政策方面的實踐，卻會對於漁業資源的存續產生重大的影響，原因即在於若對漁業活動附加非良性的補貼，將會引導漁業活動過度捕撈資源的惡性後果，亦會衝擊到人類對於糧食安全的維護。

基此，本章在探討「漁業補貼」議題時，首先將由糧食安全的角度切入，解構糧食安全概念中的「營養供應」因素，進而彰顯漁業資源在糧食安全中的意義。本章並選擇觀察亞太經濟合作會議（Asia-Pacific Economic Cooperation, APEC）、聯合國環境規劃署（United Nations Environmental Programme,

---

3 Chen-Ju Chen, *Fisheries Subsidies under International Law*（Berlin: Springer, 2010）.

UNEP）、聯合國糧食及農業組織（FAO）、經濟合作發展組織（Organization for Economic Cooperation and Development, OECD）這些重要國際組織對於漁業資源保護和管理的立場和態度，此外，若干非政府間國際組織，例如世界自然基金（World Wildlife Fund, WWF）也有許多與漁業補貼相關的意見，本章選擇其具備代表性的內容加以分析。

第二節　糧食安全的意涵

糧食係維繫人類生命和保持健康所不可或缺的基本元素，獲得適當之食物權（right to adequate food），乃是基於對人之天賦尊嚴及其平等而且不可割讓之權利，人人得享受適當之經濟社會文化權利，始足以實現人類能夠享受無恐懼不虞匱乏之理想。

若論糧食安全與人權之間的關係，則聯合國大會於 1966 年通過之「經濟、社會和文化權利國際公約」（International Covenant on Economic, Social and Cultural Rights）便是規範了締約國對於全人類之經濟、社會及文化有遵守義務，特別是該公約在第 11 條中，明白表達出：

> 一、本公約締約各國承認人人有權為他自己和家庭獲得相當的生活水準，包括足夠的食物、衣著和住房，並能不斷改進生活條件。各締約國將採取適當的步驟保證實現這一權利，並承認為此而實行基於自願同意的國際合作的重要性。
>
> 二、本公約締約各國既確認人人享有免於飢餓的基本權利，應為下列目的，個別採取必要的措施或經由國際合作採取必要的措施，包括具體的計劃在內：

(甲) 充分利用科技知識、傳播營養原則的知識、和發展或改革土地制度以使天然資源得到最有效的開發和利用等方法，改進糧食的生產、保存及分配方法；

(乙) 在顧到糧食入口國家和糧食出口國家的問題的情況下，保證世界糧食供應，會按照需要，公平分配。

換言之，人類享有適當之食物權，不僅符合人類的利益，也是國家應盡的義務。

即使如此，然而在界定「糧食安全」（food security）的定義時，卻出現許多不同的觀點和定義，[4]此係完全因為此一名詞所涵蓋的面向極廣，特別是隨著種植、捕撈與養殖技術的改進和政策議題的複雜度不斷增加，使得「糧食安全」的定義在不同的時空中有著不同的內涵。即使如此，雖然糧食安全的定義多元，同時此種概念也會隨著時間的推移而不斷發生變化，不過其本質上的含義係指所有的人都能夠持續地獲得適當地品質與數量的糧食供應而言。[5]然則，在實際的面向上，前述「所有的人」又構成了達成糧食安全的一大挑戰，原因即在於人口數量的龐大與持續增長。依據聯合國的預測，到 2050 年時全世界

---

[4] 甚至在 1992 年的學者研究中，還統計出了約有二百個不同的「糧食安全」定義。見 S. Maxwell and M. Smith, "Household Food Security: A Conceptual Review", in S. Maxwell and T. R. Frankenberger, eds. *Household Food Security: Concepts, Indicators, Measurements: A Technical Review*（New York and Rome: UNICEF and IFAD, 1992）.

[5] United Nations Economic and Social Council, "Managing Risks Posed by Food Insecurity Through Inclusive Social Policy and Social Protection Interventions", E/ESCAP/CSD/2/Rev.1（24 October 2008）, First Session of the Committee on Social Development, Economic and Social Commission for Asia and the Pacific, UNESCO, 24-26 September 2008, pp. 1-2.

人口將會達到 90 億。[6]隨著人口成長以及工商業發達的結果，可以預期糧食的需求將持續大幅成長；但糧食成長則可能因耕地減少、地球溫室效應、氣候變遷以及對於能源需求等因素而充滿不確定性，這些因素皆會使得糧食安全問題備受注目。

早期對糧食安全的定義係著重於經濟面的需求與供應之穩定上，強調提供民眾足夠的糧食。例如 1974 的「世界糧食高峰會」（World Food Summit）中，即對「糧食安全」的定義著重在穩定的供應面上，其內容如下：[7]

> 任何時候皆能提供適當之基本的食物供應，以維持穩定的食物消耗成長，並能補償生產與價格上的波動。

1986 年世界銀行（World Bank）的「貧窮與飢餓」（Poverty and Hunger）報告中，將糧食危機區分為長期性的和短暫性的兩種，前者係指持續性、或結構性以及低收入性質的貧窮狀態所導致之糧食不足；後者則指涉及大自然災難、經濟崩潰或是政治衝突等時間性內的強烈壓力所影響。基於此一思考，世界銀行遂將「糧食安全」一詞定義為：[8]

---

[6] 聯合國經濟與社會事務部人口處（Population Division, Department of Economic and Social Affairs）即指出：2009 年 7 月，世界人口將為 68 億，預計到了 2012 年時，全球人口總數將會達到 70 億，2025 年時達到 80 億，2050 年達到 91 億。見 UN Population Division, *Press Release: World Population to Exceed 9 Billion by 2050*（11 March 2009）.見 http://www.un.org/esa/population/ publications/wpp2008/pressrelease.pdf. 檢視日期：2010 年 11 月 22 日。

[7] 原文為：“availability at all times of adequate world food supplies of basic foodstuffs to sustain a steady expansion of food consumption and to offset fluctuations in production and prices”, United Nations, *Report of the World Food Conference, Rome 5-16 November 1974*（New York: United Nations, 1975）.

[8] 原文為：“access of all people at all times to enough food for an active,

所有人在任何時候都能獲得足夠的糧食以滿足其積極和健康的生活。

1994 年的「人類發展報告」（Human Development Report）中，亦表示糧食安全係為確保人類安全的七大主軸之一。[9]該份報告對於糧食安全的定義為：[10]

所有人在任何時候都能在物質上和經濟上獲得基本的糧食。

1996 年 11 月，聯合國糧農組織於羅馬所召開的「世界糧食高峰會」（World Food Summit）所通過的行動計畫（Plan of Action）中，對於「糧食安全」進一步做出廣泛性質的定義，也為世人所普遍接受：[11]

只有當所有人在任何時候都能夠在物質上和經濟上獲得足夠、安全和營養的糧食來滿足其積極和健康生活的

---

healthy life", World Bank, *Poverty and Hunger: Issues and Options for Food Security in Developing Countries*（Washington DC: World Bank, 1986）.

9 UN, *Human Development Report 1994*（New York: UNDP, 1994）, pp. 24-25.

10 原文為："Food security means that all people at all times have both physical and economic access to basic food." *Ibid.*, p. 27.

11 原文為："Food security exists when all people, at all times, have physical and economic access to sufficient, safe and nutritious food to meet their dietary needs and food preferences for an active and healthy life. In this regard, concerted action at all levels is required. Each nation must adopt a strategy consistent with its resources and capacities to achieve its individual goals and, at the same time, cooperate regionally and internationally in order to organize collective solutions to global issues of food security." World Food Summit, Plan of Action, *para*. 1.值得注意的是，FAO 在 2006 年的出版品中亦延續了本定義第一句的內容，見 FAO, "Food Security", *FAO Policy Brief*, Issue 2（June 2006）.

> 膳食需求及食物喜好時，才實現了糧食安全。就此而言，需要各層級採取協調一致的行動，每一個國家必須採取符合其資源和能力的戰略，實現各自的目標，同時開展區域和國際合作，組織起來集體解決全球糧食安全問題。

聯合國糧農組織在其「2001 世界糧食不安全狀況」（Food Insecurity in the World 2001）報告中對糧食安全有了新世紀的見解：[12]

> 糧食安全係指存在一種情形，即所有人在任何時候均能在物質上、社會上與經濟上獲得足夠的、安全的以及營養的糧食，滿足其積極和健康生活的膳食需求及食物喜好。

至此，由當前國際組織對於「糧食安全」的定義而論，普遍可見其內涵包括了三個層面：糧食的供應性（availability）、糧食的獲得性（accessibility）、以及糧食的妥善利用（utilization）。意即「糧食安全」一詞的含意，已經脫離了糧食的物質供應面，進而跨向糧食的品質與衛生面。

前述之發展亦可由聯合國兒童基金會（UNICEF）營養局局長（Chief of Nutrition）Rainer Gross 的論述中得知，其研究將糧食的妥善利用加以分析，認為此一層面的發展代表了營養安全（nutrition security）的重要性超越單純的糧食之供應和獲得。[13]Rainer Gross 的理論提供了大眾對於糧食與營養之間的關

[12] 原文為："Food security is a situation that exists when all people, at all times, have physical, social and economic access to sufficient, safe and nutritious food that meets their dietary needs and food preferences for an active and healthy life." FAO, *The State of Food Insecurity in the World 2001*（Rome: FAO, 2001）.

[13] Rainer Gross, Hans Schoeneberger, Hans Pfeifer, and Hans-Joachim A.

係重新加以思考，他認為提供人類足夠的營養係為重點，糧食的供應僅為整體概念的一個部分。

由此可以得知糧食安全的觀念會隨著時間演進、經濟發展程度的不同而發生變化，易言之，這是個持續在延伸而且有變化的觀念，由最初的全球性轉變為全國性，進而轉變為家庭、個人的層次；從短期糧食的消費量逐漸轉變為對糧食品質、生活觀念、生產資源的維護，甚至發展到對鄉村地區的發展有所重視。整體而言，糧食安全的觀念已從對糧食「量」的消費和供應，包括穩定市場的糧食供需和確保糧食安全的供應，亦進一步轉變為對於糧食「質」的要求，亦即是對於營養的重視，而漁業資源即是此種維持糧食安全的因素之一。

如何使國內消費者有價格適當且不虞匱乏的水產品便成為各國政府對於水產糧食安全之考量的重點，也是各國政府不願放棄或破壞的重大政策利益。根據聯合國糧農組織的統計顯示，全球約近十億的人口係以海鮮為主要的副食，其並預估在未來的 50 年內，食用海鮮的人口數還會增加 50%。而目前全球有達 26 億的人口之蛋白質來源中有約 20%係來自於魚類，甚至於在部分貧窮且人口稠密的國家中，此一比重高達 50%以上。另外，以就業的情形來看，全球有三千萬的人口以捕魚為生，其中有 95%的漁民係來自於開發中國家，再加上依賴漁業的周

Preuss, T., "The Four Dimensions of Food and Nutrition Security: Definitions and Concepts", in http://www.foodsec. org/DL/course/shortcourseFA/en/pdf/P-01_RG_Concept.pdf,檢視日期：2009 年 10 月 26 日。除此之外，另亦有「隱藏性飢餓」（hidden hunger）的說法，該名詞係指營養不均衡或身體缺乏某種維生素、礦物質，而卻過度攝取其他成分，最終致使身體隱蔽需求營養的飢餓症狀。各種營養元素能使人體正常發育成長，並確保人體具備完整的生理功能，一旦出現隱藏性飢餓，人體功能也會隨之失衡。

邊產業，包括食品加工、港口運輸、造船、商業和物流等，漁業對於糧食安全和經濟發展之重要性實難以替代。

在全球化的風潮下，許多人期望透過國際市場自由貿易的力量來解決水產糧食安全的問題，其考量與假設在於透過國際自由貿易可將漁業資源之產出在國際市場上作出更平均的分配，漁業資源缺乏的國家可從國際市場得到足夠的產品，而水產品產量豐富的國家可以水產品貿易所賺得的外匯購買其他較便宜的農產品以增進糧食安全。但是此種思考忽視一項重點，亦即貿易的動力來自市場，對於交易者來說，特別是對於產品銷售者，市場交易是以獲取最高利潤為最終目的，而糧食安全則是如何以低價供應足夠的糧食給予營養缺乏的人民，以滿足其基本的糧食安全需求為目標，二者之間無論在動機或是後續的過程均有差異及衝突之處。

第三節　亞太經濟合作會議

亞太經濟合作（APEC）會議是 1989 年間，澳洲總理鮑伯霍克（Bob Hawke）所倡議成立，目的在因應亞太經濟體之間逐漸增加的相互依賴性，在性質上是一個區域性的論壇組織，其架構下之漁業工作小組（Fisheries Working Group）和海洋資源保育工作小組（Marine Resource Conservation Working Group）皆是專注於海洋環境保育和生物資源養護的工作團隊。

2010 年 10 月 12 日，APEC 第三次海洋相關部長會議（Third APEC Ocean-Related Ministerial Meeting, AOMM3），通過了「以健康海洋、永續漁業管理邁向糧食安全」（Healthy Oceans and Fisheries Management towards Food Security）為主題之「帕拉卡

斯宣言」(Paracas Declaration),[14]宣言中承認遭遇到了全球經濟衰退的衝擊,但是之後的持續復甦過程中,面對氣候變遷對生態系統的影響變化,海洋生態系統因為不斷增加的活動項目而產生壓力。宣言並提出「海洋在糧食安全中之角色」、「海洋環境永續利用及保護」、「促進自由開放之貿易與投資」與「氣候變遷對海洋之衝擊」四項主題釐清糧食安全之內涵。

針對「海洋在糧食安全中之角色」一點,宣言中表示 APEC 區域佔了全球捕撈漁業和養殖漁業產量的三分之二,APEC 會員體中國民消費了全球魚產品的 70%,在 APEC 區域中每人魚肉的供應要比全球平均高出 65%,同時對於區域內的民眾來說,魚肉提供了主要動物性蛋白質的來源。然而糧食安全受到過量漁捕、IUU 捕魚行為、海洋犯罪與海盜、海洋具有侵略性的物種、氣候變遷與其他壓力來源的威脅,這些都需要透過有效的措施加以應對,包括了永續的資源管理、加工、配銷、與貿易體系等必須導正方向,方能最大化與均衡經濟、社會與營養的利益。

宣言並呼籲採取行動,其中有關漁業補貼部分,強調重視 WTO 多哈發展議程有關漁業補貼談判的部分,並敦促 APEC 經濟體有效地致力於這些談判結果,符合 2005 年 WTO 香港部長級會議的授權,加強漁業部門補貼的規制,同時考慮到漁業部門在降低貧窮、創造就業和糧食安全等方面上的重要性。[15]

---

[14] Paracas Declaration, see http://www.apec.org/Meeting-Papers/Ministerial-Statements/Ocean-related/2010_ocean.aspx. Visited on 15/1/2011.

[15] 原文為:We stress the importance of the fisheries subsidies negotiations as part of the World Trade Organization Doha Development Agenda and urge the APEC economies to actively commit to a successful and effective outcome of these negotiations, in line with the 2005 WTO Hong Kong

在該次會議中並提出行動議程（Action Agenda），[16]列舉落實宣言之政策方針，包括共同調查研究海洋生態系統及氣候變遷現象、防治海洋污染、維持海洋生物多樣性、消除海洋產品貿易障礙及促進貿易自由化、消除非法、無報告、不受管理之漁撈活動（IUU fishing）以及海洋犯罪與海盜，以確保亞太區域內漁業經營與海洋資源永續利用之目標。

第四節　聯合國環境規劃署

聯合國環境規劃署（United Nations Environment Program, UNEP）設立於 1972 年 6 月，總部設於肯亞首都奈洛比（Nairobi)，是聯合國架構下負責全球環境規劃事務的機構，其任務在協調聯合國的環境計劃、幫助開發中國家實施有利於環境保護的政策，以及鼓勵永續發展的實踐，並推動有利於環境保護的相關措施。聯合國環境規劃署致力於各個地理層面的生態保護政策之規劃，海洋生物的保護與養育亦為其工作的重點，將 2007 年推動為「國際海豚年」(International Year of the Dolphin）即是一例，近年來更關切到氣候變化對環境所帶來的影響和風險，亦思考此一風險和解決全球糧食危機之間的關連。

UNEP 留意到大多數具有商業價值的魚類資源正面臨枯竭或過度開發的狀態，科學家預測，目前海洋魚種如果持續以現有的速度下降，則該些魚種都將處於「全球崩潰」(global

---

Ministerial mandate to strengthen disciplines on subsidies in the fisheries sector, taking into account the importance of the fisheries sector for poverty reduction, job creation, and food security.

16 Paracas Action Agenda, see http://www.apec.org/Meeting-Papers/Ministerial-Statements/Ocean-related/2010_ocean/action-agenda.aspx. Visited on 2/12/2010.

collapse）的情況。這意謂著現有的情況處於非常嚴重的狀態，這甚至會造成無可挽回之環境上、社會上和經濟上的結果。此一危機的核心議題在於漁業部門直接或間接補貼，增加生產和貿易的漁業政策。[17]

聯合國環境規劃署架構下之經濟暨貿易小組（Economics and Trade Branch, ETB）透過一系列的研討會、文件分析和國家計劃，積極努力於促進漁業補貼制度之改革，UNEP 如此作為之目的有三：

一、在不同補貼的管理制度下，分析環境、經濟和社會影響；

二、探索現行政策之改革途徑，以確保永續漁業管理；

三、提供非正式貿易談判，但保持開放、多層面的論壇討論分析。

UNEP 經貿小組（ETB）成立目的在改善、瞭解漁業補貼的影響並提出解決的政策方案，以能有效處理對漁業資源有害之影響。UNEP 與各國政府、政府間組織、非政府組織和區域漁業管理組織密切合作，並提供了一個論壇讓專家、有關各方及決策者就漁業政策、環境和貿易之間的互動進行探討。[18]例如，2009 年 4 月，UNEP 和 WWF 召開 WTO 漁業補貼談判之簡報會議，協助 WTO 代表就漁業補貼談判，概述漁業補貼的歷史背景、禁止特殊和差別待遇（Special and Differential Treatment, S&DT）及 WTO 之漁業補貼談判的概述。[19]

---

[17] UNEP Website, http://www.unep. ch/etb/areas/fisherySub.php. Visited on 2/12/2010.

[18] UNEP 積極地辨理漁業補貼之研討會，也針對孟加拉、烏干、阿根廷、塞內加爾等國進行研究，並分析補貼的影響，也與 WTO, OECD, FAO 及非政府組織進行合作。

[19] The WTO Fishery Subsidies Negotiations: Update and Introductory

UNEP 亦透過一系列的出版品，探討了永續漁業和補貼之間的關係。例如 2009 年 UNEP 出版的「認證與永續發展之漁業」（Certification and Sustainable Fisheries），[20]討論漁業認證工作對於所有相關人員（包含漁民與零售商）的挑戰與獲益。然而，利用漁產品認證是否可以抑制漁業資源的快速下降？人們常認為改善漁業管理和通過認證有益於全球漁業，但仍存有一些在推行上的挑戰，如小規模漁業獲得認證和數據的初始成本極高，但這卻會有益於零售商，因為零售商可以長期並安全地提供產品。該份文件提供幾種認證制度進行全面的檢討與討論，它也為 UNEP 之後有關漁業認證和生態標籤之工作提供建議，並提出增加發展中國家認證的辦法。

此外 2008 年的出版品「海鮮的美味輓歌」（Bottomfeeder: How to Eat Ethically in a World of Vanishing Seafood）以及同一年度的「世界貿易組織的議題與選擇——邁向永續漁業的入漁協定」（Towards Sustainable Fisheries Access Agreements-Issues and Options at the World Trade Organization）均有對於漁業補貼進行討論的內容。[21]

2007 年出版的「世界貿易組織及其前景之選項——漁業補貼之永續標準」（Sustainability Criteria for Fisheries Subsidies-Options for the WTO and Beyond），[22]則著重於 WTO 可能不會禁

Briefing for New Delegates, http://www.unep.Ch/etb/events/WTO FS workshop 1 Apr 2009/Meeting Report UNEP-WWF Briefing 1April09.pdf. Visited on 2/12/2010.

[20] See http://www.unep. ch/etb/publications/FS certification study 2009/ UNEP Certification.pdf. Visited on 2/12/2010.

[21] See http://www.unep. ch/etb/publications/FS Access Agreements/ Inside FS Access Agreements.pdf. Visited on 2/12/2010.

[22] 見 http://www.unep.ch/etb/publications/fishierSubsidiesEnvironment/ UNEPWWF_FinalRevi09102007.pdf. Visited on 6/12/2010.

止的漁業補貼項目。它提供了一個分析漁業狀況和管理的實踐參考，可以引導 WTO 的談判者和決策者在制定國內標準時，適用這些補貼的選項。

此外，UNEP 的經貿小組（ETB）已針對各國漁業部門推展各項國家計劃，特別是在貿易自由化對漁業資源的影響，以及漁業補貼與漁業管理政策之間的相互作用。其研究已經證實不良管理的補貼會造成負面的影響，特別是這些補貼會造成環境資源枯竭、糧食危機及失業問題，UNEP 的經貿小組在案例研究中清楚地表示補貼需要更多連貫和透明的決策。

UNEP 的報告提議大幅減少商業性漁業的補貼，以保護漁業資源和魚群數量。報告提及世界上 20%的人口依賴海產為主要食物來源，超過 1.7 億人從事商業捕撈、加工的工作。但該報告也提及，至 2003 年全球海洋漁業資源有 27%已經崩潰。如果對於利用海洋資源的作為沒有出現大的改變，這個比例還會增加。

根據 UNEP 的研究，每年花費的漁業補貼約為 270 億美元，其中 8 億美元專門用於管理海洋保護區，但其餘被用於金援捕魚船隊，以維持或擴大已超過永續的捕撈能力。UNEP 提出漁業補貼系統性的結構調整，不著重於增建過多的漁船或是訓練或鼓勵更多的漁民投入漁業，而是減少商業性質之捕魚，使魚類種群能夠維持「最大可持續生產量」（Maximum Sustainable Yield, MSY）。

容許商業捕魚可否在滿足人口日益增加需求的情形下，並進而解決在糧食供應上的問題，這一直是一個長期存在的議題。而在沒有明確答案的情況下，朝向替代品的開發或許是一個解決的方法，例如提高水產養殖產量即是一例。此外也有人指出，捕撈會導致魚類種群數量的減少，甚至過度的捕撈會造成特定種群的枯竭，因此「永續漁業」或許是一個迷思。但無論此種推論的結果真假如何，吾人都必須認知到，民眾對於海鮮的需求將始終存在，因此必須採取措施來維護漁業資源，因為由歷史經驗可以得知它不是一個可以無限獲取的資源。

第五節　聯合國糧食暨農業組織

聯合國糧農組織的漁業及養殖部（Fisheries & Aquaculture Department），於 1992 年開始對漁業補貼進行研究，此係由於該組織警覺到，補貼對於捕撈漁業可能產生負面的影響，聯合國糧農組織並於 1999 年開始了許多與漁業補貼相關的會議和研究，而在 2002 年作成的「識別及評比漁業補貼指南」（Guide for Identifying, Assessing and Reporting on Subsidies in the Fisheries Sector），[23]可謂係增進對於漁業補貼之了解以及如何進一步研究之起始。

在確定補貼項目時，吾人會發現有許多不同類型的漁業補貼存在於國家內部或是國際實踐中，例如由政府直接給予民間漁業的特定款項移轉或是其他的直接財務移轉，然而在此同時吾人又會對於某些特定的狀況有所疑慮，因為此種補貼極有可能會缺少對於污染行為的掌控。由於糧農組織對於研究漁業補貼主題的限制，其研究與分析的對象多集中在直接的補貼上。

因此，為了便於組織和分析，糧農組織的補貼研究「識別及評比漁業補貼指南」將漁業補貼分為四大類，即：[24]

---

[23] Lena Westlund, *Guide for Identifying, Assessing and Reporting on Subsidies in the Fisheries Sector*, FAO Fisheries Technical Paper, No. 438（Rome: FAO, 2004）.

[24] *Ibid.*, pp. 15-18.

一、直接財務移轉（Direct Financial Transfer）：所有由政府直接支付給漁業，這些補貼有可能直接影響該行業的利潤。這一類的補貼很容易識別，例如投資補助（如購買船隻或現代化）、捐贈（船舶）安全設備、船舶汰舊計劃、股權注入、收入保障計劃、災害救濟金、價格支持、直接出口獎勵、以及目前被高度關切的漁船用油補貼等。而在利潤減少的補貼項目上，則包括了各種稅費、進口／出口關稅。

二、服務和間接財務移轉（Services and Indirect Financial Transfers）：由政府明確干預的其他活動，但不涉及直接的財務轉移，通常在會計帳上不會出現明確的成本價值。例如，投資優惠貸款、貸款擔保、特別保險制度的船隻和漁具及魚餌提供服務、間接的促進出口補貼、檢驗和認證的出口、專業培訓、推廣、港口和卸魚站點設施、支付外國政府以確保入漁漁場使用、政府資助的研究和發展計劃、國際合作和談判、燃油免稅、投資抵減、遞延稅方案、特別所得稅扣除額等。

三、規則（Regulations）：政府採取有關管理措施之干預行為，通常是行政成本，其中包括公共支出管理、法規等，由於此種行為深入各國的國內行政體系之中，在實務上往往難以辨認。其價值也不會直接顯示在會計帳目上。例如進口配額、外國直接投資限制、環境保護之規定、漁業管理等。

四、缺乏干預（Lack of Intervention）：即缺乏政府之干預，包括政府不採取因應行動，例如允許生產者在短期或長期轉嫁某些費用給消費者，政府並不直接付出費用，但可能是減少收入，此部分的補貼也往往是隱而不見的。

關於漁業補貼之價值與重要性的爭議，糧農組織認為因缺乏普遍認可的補貼定義，以致於「補貼」這個名詞可以廣泛地適用在大規模的政府干涉或是欠缺調整的干涉中，而這些干涉可能在短、中或長時間內，減少漁獲生產及行銷市場的支出或是增加其稅收；「政府干涉」則包含財務移轉或是商品及服務的支出低於市場價格；「欠缺調整之干涉」則包含政府欠缺採取措施以調整與漁業有關之外部支出。[25]

一般而言，當漁民有增加過漁的動機時，則過漁將會導致捕撈量的下降，甚至毀壞整個漁業資源。所以基於保護漁業資源，減少對於漁業有害之補貼是有必要的。但補貼與過漁之間並不是絕對的因果關係，良善目的的補貼則對於水產生態環境有良好的影響、可以降低漁業捕撈量，並增加資源的永續性，所以補貼到底是好是壞取決於決策者的意圖、當地的環境以及是否能夠避免不良影響之產生。[26]

雖然許多專家皆同意，支付予漁船建造以及後續運作的補貼，會增加漁船的捕撈能力，進而對於漁業資源增加不必要的壓力，但是補貼對於貿易究竟會帶來何種影響卻不明朗。每當補貼對於漁產品國際貿易的數量或價格造成影響時，我們即可以假定補貼對於貿易有所影響；但是僅有極為少數的研究確實涉及補

---

[25] FAO, *A Global Project for the Study of Impacts of Fisheries Subsidies: Technical Consultation on the Use of Subsidies in the Fisheries Sector*, Rome, Italy, 30 June-2 July 2004, p. 6.「關於漁業補貼造成的影響之全球研究計畫」係由聯合國糧食及農業組織（FAO）所籌畫，該計畫同時亦是「全球技術倡議」（Global Technical Initiative）的核心部分，此文件將對該計畫之內容及其預期達到之成果作出說明。分成二部分，第一：對特定國家之漁業概況進行研究分析；第二：利用經濟計量模組對於補貼所造成之影響進行數量分析。

[26] FAO, "Subsidies and Fisheries", see http://www.fao.org/fishery/topic/13333/en. Visited on 12/10/2010.

貼以及貿易扭曲之間的關聯性，而且幾乎沒有研究試圖將其量化。[27]

糧農組織針對漁業補貼、永續發展、貿易之關係予以分析，藉由減少「貿易扭曲」與「漁業補貼帶來之環境損害」以促進永續發展，糧農組織認為：[28]

> 漁業永續發展仍受到貿易扭曲的嚴重破壞，儘管國際社會在近年來努力為漁獲的永續利用發展新的公約及文件，然而此種情況仍持續存在。因此澳洲、冰島、紐西蘭、菲律賓和美國皆歡迎由「貿易與發展及貿易與環境高層級討論會」（High Level Symposia on Trade and Development and Trade and Environment）所提供之機會，藉此機會可以強調減少「環境損害以及貿易扭曲」之漁業補貼所帶來之利益，它可以保護和延續漁獲的使用並促進永續發展。

在此情形之下，全球過量的漁船捕撈能力以及不健全的管理機制，是導致許多地區漁獲耗盡的最主要原因，一般認為政府補貼以及其他市場機制被扭曲是導致捕撈能力過剩的最主要原因。而在一份由世界銀行（World Bank）所公佈的研究中，估計全球漁業部門每年總共可獲得 140-200 億美元的「對環境有害之補貼」，這是世界漁業首次銷售稅收的20%至 25%，許多給予漁業部門的補貼會對其他 WTO 會員國的利益造成嚴重損

---

[27] FAO, "Subsidies and Trade Distortion", http://www.fao.org/fishery/topic/12358/en. Visited on 12/10/2010.

[28] FAO, "Promoting Sustainable Development by Eliminating Trade Distorting and Environmentally Damaging Fisheries Subsidies", see http://www.fao. org/fishery/topic/14863/en. Visited on 12/10/2010.

害，雖然這些補貼仍持續存在，但它們在 WTO 之補貼協定下是「可予控訴之補貼」。[29]

各國浪費在「對於環境有害活動」的數十億美元補貼，於面臨永續發展為世界帶來挑戰之今日，可以輕易的轉換成有益的支出。同時鼓勵使用「正常經濟開發率之外的漁業資源」，可能會導致漁獲供應的失常，進而使得世界海鮮價格有下滑的可能，這會對世界上的所有國家都造成影響，尤其是期望能透過它們的漁業資源改變經濟狀況之開發中國家。

總而言之，對於漁業活動進行補貼會妨礙永續發展，並嚴重破壞有效養護與永續利用漁業資源之可能性。捕撈能力過剩以及導致過漁的議題，在許多的國際論壇中逐漸受到關注，國際社會也採納了一項計畫以管理捕撈能力，該計畫稱為「減少包含補貼在內之所有『可能造成捕撈能力過剩並進而損害海洋生物資源永續發展』之因素，不論該因素是直接或間接，並正確的考量傳統漁業的需求」。在 WTO 之貿易與環境委員會（Trade and Environment Committee）中，也對「補貼改革與漁業保育間之積極關聯性」作細節性的討論，而對於政府積極貢獻必要性的認識亦不斷增加。

聯合國糧農組織敦促各國政府作出早期承諾，逐步減少給予降低促進捕撈能力過剩之漁業補貼，這是為了防止對環境造成之傷害以及對貿易可能造成之扭曲，以及 WTO 目標之達成，無論是在貿易、環境以及永續發展的層面，此種進步將可以展現「雙贏」的成果。

---

[29] FAO, Fisheries and Agriculture Department, “Subsidies, Sustainability and Trade”, http://www.fao.org/fishery/topic/14863/en. Visited on 2/2/2011.

第六節　經濟合作開發組織

經濟合作開發組織（OECD）是一個政府間組織，[30]其會員國政府每年支出約達 63 億美元的資金支持漁業部門。這筆資金亦被稱為補貼、支持或財務移轉，係用於協助漁獲的管理、船隊現代化，並幫助那些無法再透過漁業維持其生計之社區與地區，發展其他的經濟活動；另外，這些錢也用於協助解決過漁、捕撈能力過度等問題，這些問題對於 OECD 成員之漁業造成許多的影響。[31]而且更嚴重的問題是，補貼真的能夠協助漁業部門達成永續發展之目標嗎？或者它只是在鼓勵更多的船隊與人民繼續留在漁業，即使該產業已經無法在中長期的時間內繼續支持這些人們的生計？[32]

這些問題之所以被提出，係因為許多政府致力於尋求支持它們國家漁業部門的方法，它們期望這些方法同時也能使漁業朝向永續發展的目標邁進，而在 WTO 杜哈回合多邊貿易會談中，對於「政府為支持漁業所作補貼」規範的改變，亦是該談判中的一項重點。

漁業部門補貼規則之改變，是否能幫助漁業朝永續發展的目標邁進？這可由經濟、社會與環境三項永續發展之基礎面進行觀察。

---

[30] 值得注意的是 OECD 是以統計、指標（statistics and indicator）及出版品著名，涵蓋了總體經濟、教育、勞工、環境、能源、科技及創新等社會及經濟議題，由於其嚴謹性、資料完整性、及正確性，OECD 所提出的建議、規範，常被冠以軟法（soft law）的地位，成為各會員國及許多非會員國於制定法律、政策時之依據。

[31] OECD, "Subsidies: A Way towards Sustainable Fisheries", *Policy Brief*（December 2005）, pp. 1-7.

[32] OECD, "Making Sure Fish Piracy Doesn't Pay", *Policy Brief*（January 2006）.

漁業資源係由公眾所擁有的「共有財」（common property），有賴政府的干涉以確保該資源係為社會利益而使用，且不會被過度開發。為了達成此一目標，政府必須確保其施政中包含有效的管理政策。各國政府現在對於漁業所提供的財政補貼，大約等於漁業總產值的 20%；然而，誠如 WTO 以及 2002 年永續發展世界高峰會（WSSD）中所強調的，某些形式的政府財政補貼會對漁業資源的永續發展造成威脅，蓋因這類財政補貼會造成捕撈能力過度、降低漁業的長期發展活力並促成「非法、不報告及不接受規範的捕魚行為」（IUU）。所以在 WTO 正在進行的談判中，應對漁業補貼政策進行闡明，這將會是推動國家與國際議程向前邁進的一項重要步驟。

許多 OECD 的成員國政府已經承擔或是期盼進行改革，俾使漁業能朝永續發展的目標邁進，這包含它們對於其所提供之漁業補貼在範圍與型態上的反省，例如：許多國家已經或正在進行若干調整，避免再資助漁船的建造，蓋因這些國家已經認知到，許多 OECD 成員國的漁船之所以有捕撈能力過度的現象，是早期對於漁船之建造與現代化的財政補貼所造成。

當補貼的總額度並未下降，而且在可預見的將來也無法下降時，「對於環境友善」（environmentally-friendly）的補貼即受到重視，而使用環境可容許的捕魚裝置及技術、減少漁獲量、關閉漁場、對漁民的再訓練等作法也隨之受到重視。然而，就如同漁獲量需要時間才能恢復，這種方式可以對漁業的永續發展以及漁業部門之經濟體質健全產生多少幫助，仍需要時間加以觀察。

所有型態的補貼對於漁業部門皆會造成影響，包含漁獲量、獲利、貿易、漁船設備之投資、就業、地方發展和社會凝聚力。而事實上，政府之所以要支持此一部門，係為達到更大的目的、造成更大的影響，而且可以突顯出對於整體性分析方法的需求；漁業補貼政策採取永續發展方式的最大優點，是在於其能夠使得財政補貼政策對於經濟、環境和社會群體的等各方面所造成的影響，全部都能拿來做宣傳。

漁業補貼對於目標漁業資源的影響為何，取決於漁業管理系統的實施型態，以及漁業規範是否被積極地實踐，而其關鍵點在於若管理者對於目標魚種的捕撈限制愈積極，則補貼對於漁獲的影響將會愈低；這在僅討論單一魚種時是相當直接的，但是當考量到多種魚類時會變得較為複雜。[33]

雖然財務移轉會導致漁撈努力量與漁獲量的增加，但它也可能同時造成誤捕量的增加。近年來，許多 OECD 成員國已經引入許多降低誤捕量的政策，而該些政策經常含有支持購買、安裝並操作「對於環境友善」漁業技術與裝置；然而，政府雖然藉著財務移轉的提供增加漁獲量，但同時也以該方法之實施尋求誤捕量的減少，因此財務移轉的實施，在事實上必須冒著混淆漁民觀念之風險。此外，某些種類的財務移轉存在著更多環境上的意義，例如：燃料稅的減免減少了與燃料有關的支出，這會鼓勵漁民使用更多的燃料，並伴隨著海洋污染與二氧化碳量上升等潛在的後果。

相對於整體經濟，漁業或許僅在其中扮演一個小角色，但是由於魚和漁業產品在許多國家的進出口貿易中有相的意義，因此漁業對貿易而言常相對的重要；超過半數的魚在世界各地被捕獲後，就被販賣到全球的其他地區。政府對於漁業的財務

---

[33] Anthony Cox, "Subsidies and Deep-sea Fisheries Management: Policy Issues and Challenges", See http://www.oecd.org/dataoecd/10/27/24320313.pdf. Anthony Cox 係 OECD 漁業部之資深分析師，其提到補貼是否會影響漁業資源，係著眼於管理制度是否健全。如果管理制度有效，則提供補貼一般不會直接影響魚類的種群數量。此一結果關鍵取決於受補貼的漁民，其國家管轄之運作及國際治理。

移轉所造成之影響，在 WTO 漁業補貼談判中常受到討論，但是我們卻很難去推斷它對貿易可能產生的影響，因為財務移轉對於漁獲所產生之影響，以及對於國內與世界市場的潛在漁獲供應，與進出口國之管理機構有相當大的關係。

原則上，如果漁業管理機構能夠積極一致且有效的限制捕獲量，那麼財務移轉就不可能會以「對國內或國際市場造成衝擊」的方式影響供應量，但是如果財務移轉使得漁民能夠增加其對於國內及世界市場之魚獲供應量，則貿易的數量與價格皆會受到影響；雖然這可以提供給予這種支持的國家之漁民短期的競爭利益，但這種缺乏積極管理的支持，最終將會導致漁獲量的減少。

國家的漁業結構以及財務移轉供應之價格鏈中的要點，也會影響財務移轉影響世界市場的程度；如果財務移轉是供應給「直接以拍賣的方式販賣漁獲的漁民」或「將漁獲售予批發商的漁民」，那麼這種財務移轉將會增加這些漁民的獲利，而且不會影響到他們從漁獲所取得的金額；如果財務移轉是由價格鏈所提供，並作為處理之支持或運輸工具，那麼它也許會影響價格，就如同公司可以隨著時間與空間改變銷售一般。一國的市場結構也很重要，高度的垂直整合（一個公司同時經營捕魚、漁獲處理與零售）意味著財務支持的利益會隨著價格鏈移轉，而且會影響最終產品於貿易時的價格。

根據研究成果所顯示，OECD 成員國政府所提供之財務移轉估計約有 63 億美元，其中三分之一用於研究、漁業管理以及執行；另外有三分之一用於漁業的基礎設施，例如港口；剩下的三分之一則是以「直接支付與減少成本的金融移轉」的型式呈現，例如：對於漁船之建造或現代化給予津貼或貸款、減船措施等作為努力降低捕撈能力的部分方法、直接的收入支持與支出補貼（例如燃料稅的減免）。由於 OECD 成員國的漁業補貼態樣實在太多，而且有時難以辨認，所以 63 億美元大概是一個低估的數據。

經驗顯示，財務移轉在漁業管理政策當中所扮演的角色雖然相當重要但卻是有限的，基本上若僅係提供重要的研究、管理及服務的執行，並不必然會被市場所利用；各國政府提供予漁業財政支持的另外一項主要原因，是為了要幫助漁業減輕負擔，此項汰舊換新負擔係由「隨著時間必須作的調整與重建」所帶來的。

減少財政支持顯然與漁業之興衰無絕對的關聯性，就如同挪威、紐西蘭、冰島和澳大利亞等許多國家的經驗所顯示的一樣。的確，若將減少財政支持作為一套更加寬廣的改變計畫（讓漁業能夠立足於經濟、社會與環境永續發展之基礎上）之一部分，通常能夠導致獲利的增加，並同時減少對於政府協助的依賴。

第七節　世界自然基金

世界自然基金（WWF）是全球享有盛譽的、最大的獨立性非政府環境保護機構之一，在全世界擁有將近 500 萬支持者和一個在 90 多個國家中活躍的網路。WWF 的使命是遏止地球自然環境的惡化，創造人類與自然和諧相處的美好未來。致力於保護世界生物多樣性、確保可再生自然資源的可持續利用、推動降低污染和減少浪費性消費的行動。

WWF 認為世界漁業正面臨著前所未有的危機，過度捕撈威脅到未來沿近海漁民的生計、永續漁業、海洋生物多樣性和生態系統、魚的數量和海洋生物的物種與歷史最高水平相比，只剩下一小部分。大部分海洋魚類物種的數量與以前相比，已減少 90%，造成海洋生態系的重大變化，而海洋商業生產也達到了一個新低點，全球人類與海洋生態系統正在承受此種不良的後果。

造成這種全球性危機的原因是多方面性且複雜的，可能是許多國家的漁業管理不善或是治安不好、在海洋保護區和禁漁區的設置太少、或是未予鼓勵永續性的漁業補貼、還有以往對於永續漁業的獎勵發展過於緩慢和不彰等因素。

WWF 的漁業管理包括了促進各國政府採取生態系統為基礎的漁業管理方法，以能有效減少濫捕和恢復漁獲量。WWF 的工作基本上包含下述個層次：[34]

一、發展倡導國內和區域性的復育計劃和漁業管理計劃。

二、發展公海的漁業管理制度，以減少或消除 IUU 捕魚行為。

三、與捕魚產業發展夥伴關係，以促進良好的漁業管理措施。

四、確保取得漁業資源協定的公平與可持續發展。

五、與各有關方就特定漁種，確定是否有過漁現象，如有過漁之情況則應規劃降低產量。

六、漁業補貼制度改革和分配。

加強國際漁業控制的一個主要障礙是，仍有若干公司不法地將其所有的漁船懸掛權宜船旗，這些權宜船旗國不簽署國際協定或不願意甚至無法進行船旗國管制措施，這使得這些違法公司及其船舶違反區域漁業管理組織的法規或在公海非法捕魚時，可以選擇或逃避處罰，甚至於懸掛權宜船旗的權宜船，還可利用其便

---

[34] WWF website, http://www.worldwildlife.org/what/globalmarkets/fishing/whatwearedoing.html. Visited on 23/1/2011.

利性在船旗國的管轄海域內進行非法捕魚，因此船旗國的不負責任是造成 IUU 捕魚行為滋生的主要原因。

WWF 與其分會當地或是有夥伴關係的國家發展試驗性質的計劃，以展示如何以生態系統為基礎進行漁業管理，以生態系統為基礎的漁業管理可以被用來改善漁業資源狀態以及漁民的生活。在英格蘭西南部，WWF 與政府、產業和當地社區，發展永續的漁業管理。它涉及當地多方利益相關者的漁業管理過程，包括鑑定禁漁區與提供依賴捕魚為生者之替代生計選擇之發展。2004 年第一階段，與利益相關者，包括漁民、釣魚業者、飯店業者及非政府組織進行團隊工作，以評估他們對英格蘭西南海域漁業資源的意見。在三年內，建立一系列的科學模擬，嚴格測試經濟、社會和該地區環境所受到的影響。英國 WWF 分會所帶領的永續漁業，讓全國漁會及零售商如 Marks & Spencer 建立基金，將漁業補助的資金轉移到永續漁業行動。[35]

WWF 認為雖然漁業部門的補貼是造成過漁的原因之一，但並不是所有的補貼都是不好的，相對的，透過有效使用資金，補貼仍然有助於永續漁業的實現，並能挽救當前的漁業危機。基於此點，WWF 倡導消除有害的政府補貼，並為資金重新找到更具有永續性的發展方向，例如為數量減少的海洋物種提出種群復育計劃、進行漁業資源的評估，並幫助培訓漁民尋找新的收入來源。2002 年 12 月，WWF 終止過漁的運動之後，歐盟宣布於 2004 年逐步取消三個最具破壞性的漁業補貼方式，亦即新造船、船隻現代化以及出口量。WWF 正努力用他們的期中檢討

[35] WWF, “Sea Fisheries”, see http://www.wwf.org.uk/filelibrary/pdf/ma_seafshrs_wa.pdf. Visited on 23/1/2011.

報告，影響歐盟漁業政策的結構資金立法，以提醒歐盟所承諾將資金轉換到支持永續漁業之做法。[36]

而針對 WTO 杜哈回合談判中的漁業補貼議題，WWF 認為要使國際漁業規範能夠真正成為有效的規則，則 WTO 有關漁業補貼的新規範應當具有下列要素：[37]

一、有效地禁止大多數有害的漁業補貼計畫。

二、允許及保護對環境具有正面影響的漁業補貼，及對開發中國家經濟與社會發展有利的環境補貼。

三、有效率地規範所有非禁止性補貼，要求其應避免造成過度捕撈、過漁或破壞捕魚業務。

四、有效監督所有非禁止性補貼，包括經由事前監控及實質改善 WTO 通知之要求。

五、提供機制以保證 WTO 漁業補貼規範之實施，將會適當地納入在海洋環境漁業管理及保護之政府與政府間組織及專家學者的意見或參與。

此外，新的 WTO 漁業補貼規範必須充份且廣泛的涵蓋所有重要的漁業補貼計畫，亦即漁業補貼之定義必須包含所有政府財務支持或是漁業利益，例如為進入漁業專屬經濟區的政府對政府支付方式（government-to-government payments）；同時新的

---

[36] WWF, "Fisheries Subsidies : Will the EU turn its back on the 2002 Reforms?", see http://assets.panda.org/downloads/eu_fisheries_ subsidies _2006.pdf; WWW, "Managing Fishing Fleets", see http://assets.panda.org/downloads/22managingfishingfleets.pdf. Visited on 23/1/2011.

[37] WWF, "Turning the Tide on Fishing Subsidies: Can the World Trade Organization Play a Positive Role?", see http://assets.panda.org/downloads/turning_tide_on_fishing_subsidies.pdf; WWF, "Which Way Forward? WWF Reaction to Recent Proposals WTO Fisheries Subsidies Negotiations, Geneva, 8 February 2011", see http://assets.panda.org/downloads/which_way_forward__final_.pdf. Visited on 26/1/2011.

規範必須避免有不適當的區別或例外，例如給予國內漁業較公海漁業更寬鬆的規範。

第八節　小結

近年來全球經濟的發展受到油價高漲、氣候變遷以及糧食短缺的威脅，漁業在此惡劣的情形下，若缺少了政府的財務支持或補貼，則增加的成本將會反映到價格上漲的魚產品市場內，這將會使得已經出現的全球糧食短缺情形更加惡化。但是，未能妥善規劃的漁業補貼政策，卻又會導致破壞漁業資源的後果。然而在此必須強調的觀念是，漁業資源的枯竭並非單純的因為漁業補貼所造成，其他原因如業者的養護保育觀念不足、漁民捕魚技術與能力的提升、政府的不當管理措施等，均會對於當前的漁業資源構成威脅。

漁業資源管理與永續發展之間有著密切的連動關係，也是近年來廣受矚目的議題，因為唯有透過良善的漁業管理制度，方足以維持漁業資源的永續存在，這對於當前陷入糧食危機的國際社會，特別顯得重要。而且適當地養護和管理漁業資源，其結果更會牽動海洋甚至整個生態系的多樣性維持，其結果更是影響深遠。

本章透過對於若干重要國際組織對於漁業管理和漁業補貼的態度進行觀察，可以理解到，在前述觀念的發展下，漁業補貼政策恰正扮演了一個重要的角色，因為若政府的補貼政策被導向於負面的操作，則可能導致過漁、漁民作業成本減少、漁捕能力提升、市場機制被扭曲破壞等後果；然而若是給予適當的補貼，則會有效地發展出降低或控制漁捕能力、養護與管理漁業資源等結果，也會直接或間接地照顧到了糧食安全中不僅是「量」的滿足，也是「質」的需求層面。

第五章　全球治理與國際漁業法發展

第一節　前言

聯合國糧農組織一再地對海洋生物資源之狀況發出警訊，其指出超過 60%的主要漁業是處於完全開發或過度開發之狀態，而 35%則處於嚴重過漁狀況。面對漁業資源可能過度開發的窘況，糧農組織於 1995 年通過之「全球漁業共識（Consensus on World Fisheries）」中指出國際社會需要採取行動，諸如消除過漁的行為、重建並加強魚群、降低浪費性的捕魚行為、在科學可持續性與責任管理的基礎上，開發新的與替代的魚群等。[1] 並且提出警告，若不實踐前述行動，地球上約有 70%的魚群會繼續衰減，而這些都是目前被認為在完全開發、過度開發、耗竭、或是正在復育中的魚種。[2]

此外，同樣是糧農組織所公布的數據，在 2001 年時，全球魚產量（扣除水生植物不計）達到 130,200 萬噸，其中 3,790 萬噸來自於養殖，而世界魚產量中 38%則進入國際貿易的活動領域中。2001 年中，超過 80%的全球進口值集中在已開發國家，特別是日本、美國及幾個歐盟國家。日本是世界最大進口國，水產品進口值佔全球總進口值的 23%。美國則是世界第二大進口國，佔全球 17%，亦是第四大出口國。美國之後則是西班牙、

---

1 The Rome Consensus on World Fisheries, adopted by the FAO Ministerial Conference on Fisheries, Rome, 14-15 March 1995. See http://www.fao.org/docrep/006/ac441e/ac441e00.htm. Visited on 23/1/2011.

2 *Ibid.*, para. 7.

法國、義大利、德國與英國。歐盟的總進口值佔全球進口值的34%，而前二十大進口國的進口值則幾乎佔全球進口值的90%。[3]

由以上兩段簡短的敘述中，吾人可以見到原本由國家所主導的漁業活動已經不再是單純存在於國家的管轄權範圍內。取而代之的是，透過了全球化的漁產品貿易、跨國界的漁捕活動、和捕撈跨國界的魚種，這些跨國、跨區域、甚至是全球性的行為，皆使得漁捕作業或活動有了更深一層的意義，亦即規範海上漁捕作業的國際法律制度已然受到了環境保護、貿易全球化以及國際組織保育養護措施等層面的影響。

全球化的現象為當今人類的生活帶來了深遠的影響，例如過度工業化所帶來的跨界污染、全球資源分配不均對全球政經情勢的影響、過度開發造成生物多樣性遭受破壞、甚至於全球氣候變遷促使人類緊急應變天然的災害等問題。這種由環境與生態角度所觀察到之全球性議題，認為地球可以被視為是一個內部互相連結的生態系統，系統中之共同環境並不隸屬任何國家的有效管轄或主權範圍，但處在此系統中任一小範圍的行為結果，卻極可能對充滿高度不可預期性且易變的環境本質造成深遠影響。

由於各國追求工業現代化的急速腳步，以及工業產品銷售全球化的影響，整個地球遭受到文明發展所衍生之後遺症的破壞。若專就海洋環境污染與生物資源過度利用此一現象觀之，濫捕和海洋棲息地環境的惡化，正在摧毀人類主要的食物來源。經濟和工業過速成長，導致海洋環境惡化、人類活動、土

---

[3] Stefania Vannuccini, “Overview of Fish Production, Utilization. Consumption and Trade”,（FAO: Fishery Information, Data and Statistics Unit, May 2003）, ftp://ftp. fao.org/fi/stat/overview/2001/ commodit/2001 fisheryoverview.pdf. Visited on 17/07/2005.

地利用、農藥施放、森林維護、漁業活動、都會區發展、觀光活動和工業排放等因素，都會深刻影響海洋環境的品質。以來自陸地向海洋排放的污染為例，約有 30%是工業和都會區域透過河川放流入海洋的排放物；有 20%的海洋污染，則是由空氣污染而來；此外半數的海洋污染則歸因於都市廢棄物。[4]而沿海和島嶼居住區，也正飽受漁獵、船運、觀光、污染和都市廢棄物等人類活動的威脅。若以人類的海洋活動為例，每年約有多達 60 萬噸的石油被排放入海，而此種排放多為船舶的正常運作、船舶事故以及非法排放。目前世界上約有半數的人口居住於距海 60 公里的地區內，估計到了 2020 年時，約 75%的人們將居住在擁擠雜居的沿海地區，這些人的生活與沿海地區的環境禍福與共，故制止破壞沿海區域環境的活動並盡力恢復受害地區，已成當務之急。[5]

生態環境的惡化，使得國際社會對於地球環境的保護以及生物資源的利用重新加以思考和反省。各國意識到一個事實，亦即地球的整體環境是不可分割的，倘若某一個生態環境或是某個區域遭受到破壞，其所產生的影響將會擴散至其他的生態環境或區域，甚至全世界。例如南極臭氧層破壞、地球氣候變遷、酸雨、沙漠化、熱帶雨林減少、有害廢棄物跨界運輸、以及海洋環境破壞、各國二氧化碳之排放等問題，這些變化都直接或間接地危害到全球的生態環境。在這些考量當中，漁業活動是極為明顯的一個區塊，魚產品的商業銷售以及漁捕活動的高度移動，這些高度受到全球化影響的領域，使其所所產生的結果不僅是海洋生物資源的枯竭，也是海洋生態環境的破壞。

---

[4] Daniel Sitarz, *Agenda 21: The Earth Summit Strategy to Save Our Planet*（Boulder, Colorado: Earth Press, 1994）, pp. 144-145.

[5] *Ibid.*, p. 145.

全球化的發展已經成為近代國際社會發展過程中的一個重要現象，其具體表現在經濟生產要素以空前的速度和規模在全球範圍內流動，進而帶動了許多的資源（包括了傳統所稱之財貨與勞務）進行層面更深更廣的交換。雖然全球化並不意味著國界的必然消除，但是全球化現象卻反映了國際社會互賴程度加強與深化的事實，在此一基礎之上，國家主權的內涵和外在卻不斷地受到挑戰。此種現象不僅出現在一般的經濟生活之中，也具體展現在國際法律制度的發展中，在許多快速演變的國際法律制度及領域中，要以近二十餘年來，出現快速發展的國際漁業法律制度尤為明顯。

本書作者認為，由號稱「海洋憲法」之 1982 年聯合國海洋法公約獲得通過以來，國際漁業法律制度的發展不僅未曾減緩或停頓，相反地，在漁業行為的規範上卻出現極為顯著的演變。例如：對於公海上作業漁船管轄之要求與加強、責任漁業制度的推行、漁捕能力的限制、對於作業漁船的監控、以及打擊與遏阻 IUU 漁捕行為等。這些發展均透過了國際組織（或更明確地說是國際或區域漁業管理組織）的整合與推動，無論是在漁產品的銷售控制方面，或是在漁捕行為的加強規範方面。但是，隱藏在後的力量卻是無法忽視的全球化之影響力。雖然全球化並不意味著國界的必然消除，但是經濟全球化反映了國際社會互賴程度的加強與深化的事實，在此一基礎之上，國家主權的內涵和外在卻不斷的受到挑戰，進一步地顯現出透過國際組織進行全球治理的發展前景。

以上所述之事實亦反映在國際法律制度的發展上，自 1982 年聯合國海洋法公約出現之後的約二十年時間內，國際漁業法律制度的巨幅發展與演變，更是清楚地顯露出「資源永續發展與利用」、「國際貿易與環境」和「國際漁業組織加強養護與管理措施」等全球化議題對於國際漁業法的影響。本章即探討在全球化發展趨勢之下，國際漁業組織對於國際漁業法律制度演進的影響，特別是針對漁業組織會員在公海漁船的登臨與檢查制度之發展。

第二節　全球治理觀念之演進與國際組織之發展

國際法律體系中極為重視所謂主權的行使範圍，因為身為國際社會基本構成單位的國家長久以來即主張著「平等者之間無統治權」（par in parem non habet imperium）的國際法原則，而這個原則也彰顯在聯合國 1970 年「關於各國依聯合國憲章建立友好關係及合作之國際法原則之宣言」（Declaration on Principles of International Law Concerning Friendly Relations and Cooperation Among States in Accordance with the Charter of the United Nations）中：「所有國家均能享有主權平等……無論其經濟、社會、政治或其他條件之差異。主權平等特別是包括了下列因素：（1）所有國家在法律上一律平等；（2）所有國家享有與生俱來的完整主權；（3）所有國家有尊重其他國家人格的責任；……（f）所有國家有責任善意遵守其國際義務，以及與其他國家和平相處。」[6]

在傳統的國際政治環境中，國際事務之運作係以國家為基本的單位，依照各自有形的地理疆界作為範圍，輔以經過國家同意的國際組織或協定進行合作，以維繫或發展國家間無形的

[6] UNGA, Resolution 2625（XXV）（1970）, http://ods-dds-ny.un.org/doc/RESOLUTION/GEN/NR0/348/90/IMG/NR034890.pdf?OpenElement. Visited on 15/07/2005.

利益。然而隨著國際事務的多元化發展，當前國家所面對的事務已經廣泛地涵蓋了政治、經濟、法律、技術、文化、媒體傳播、環境生態和社會發展等面向，而這些面向之間又出現高度重疊與互動的關係，甚至難以界定其特性。而貫穿這些國際或國內事務的面向中，又以經濟性因素是為最普遍及影響深遠的一個思考因素，雖然這並不是唯一的因素，不過經濟全球化的發展卻成為全球化諸般現象中最基本且最明顯的一個。David Held 在其文章中分析全球化的發展包含著四種不同的變化：第一、全球化跨越政治的疆界，區域與大陸的社會，是一種政治與經濟活動的延伸；第二、全球化以日漸發展的網路、貿易、投資、金融與文化等項目之流動為標的；第三、全球化能夠與加速發展的全球交往和影響產生互動與關連；第四、全球化所產生的深遠影響，往往會對於遙遠距離之外的事務產生互動。[7]這應適切地描述了全球化的現況。

因此，全球化是一種普遍出現在當今社會中的現象，特別是透過了通訊技術的改善以及交通事業的發達，使得全球化的發展滲入人們的日常生活當中，而其最具體展現者為財貨和服務的交易以及資本的流動，甚至有時也意味著跨國性的勞工移動與技術移轉。[8]其中特別表現在交通工具的發達、網路科技的發展、知識及資訊的迅速交換、以及人員的流通更為迅速且價廉。隨著國際化的快速腳步，使得知識與資訊的交流，可以透過一個按鍵，在轉瞬間從國與國到全球，都可有機會得到相同

---

[7] David Held & Anthony McGrew, eds., *Governing Globalization: Power, Authority and Global Governance*（Cambridge: Polity Press, 2002）, pp. 305-324.

[8] IMF（International Monetary Fund）, “Globalization: A Brief Overview,” *Issues Brief*, Issue 02/08, May 2008, p. 2, http://www.imf.org/external/np/exr/ib/2008/pdf/053008.pdf.

的資訊。政治理由難以完全封鎖資訊的交流，全球化的影響不再限於穿梭國際的人士，一般人坐在家中也可以藉由各種媒介，進而了解全球資訊的流動。

因此傳統國際法中對於國家主權的運作在全球化激烈發展下的今日，產生了在實務運作上的改變。以前述國家主權平等的討論為主，國際法的最底層架構是建立在國家對議題的共識之上，因此國家對於若干需要快速反應的跨國性議題，在表現上就會顯得遲鈍。是以在現實的國際政治環境中，對於這些議題之解決，國際組織逐漸成為要角，這在全球化的研究中，往往指的是政府間國際組織（Inter-Governmental Organizations, IGOs）、非政府間國際組織（Non-Governmental Organizations, NGOs）、或是跨國公司（Multinational Corporations, MNCs）。雖然前述三者在當前國際關係的實務領域中扮演著活躍的角色，但由於國際法律秩序的制訂與規範對象係以國家為主體，引此本文仍以 IGO 作為探討的對象。

透過前述的觀察，可以理解到當前國際組織的職能與國家主權二者具備以下若干的類似面向：透過長期的實踐，國際組織具有獨立的國際法人格；[9]國際組織之成立係由主權國家透過簽署條約的方式所成立，易言之，國際組織之存在係獲得主權國家同意，甚至是授權；同時，國際組織對其會員國或非會員國具有要求甚至是強制執行的能力。

若以本文所論及之海洋漁業活動為例，漁業所指涉的內容除了傳統概念中所認定的漁捕活動之外，尚包括了漁捕活動之前的造船工業、人員募集及福利、漁具生產等程序，以及在捕

9　Advisory Opinion on Reparation for Injuries Suffered in the Service of the United Nations, *ICJ Reports*, 1949.

撈之後的港口設備與管理、運輸、漁產品生產及貿易等層面。而以上所指的各個生產階段在當今的環境之下，為能維持一國的漁業生存，極少能夠單純地由一國國內決策加以掌控。相對的，全球化的漁產品貿易行為、針對此等行為的規範、甚至是對全球漁業環境的治理（governance），在漁業活動中都具體而微地展現出來。

然而前述全球化的表現重點（例如：國際貿易行為或是國際組織的興起與擴張）卻與傳統國際法中尊重國家主權的概念產生衝突，其導因於面對當前全球性的國際事務之解決時，不再只能依賴單一國家的力量而能為之，甚至於會出現國家願意讓渡部分主權的作法，而與其他國家共享利益的結果，這會使得架構國家主權的平台受到動搖。這些情形出現在世界貿易組織的規範上，也出現在若干對於環境生態保育的合作上。因此，傳統國家主權的概念與實踐，在全球化發展的今日世界中，已然受到挑戰，甚至有學者認為國家傳統的主權職能正在逐漸削弱，進而代之以另一種形式加以行使，[10]亦即「全球化」發展的結果，使得國家難以透過傳統的個別力量來解決牽涉多國管轄的事務，因而一個提供多國集體討論與議決的平台——國際組織——就在此種情勢下出現，而國際組織的運作基礎即被視為全球治理（global governance）。

全球治理有極為多元的定義，James N. Rosenau 將全球治理描述為在國際政治領域中一系列活動領域理的管理機制，此一

[10] Paul Hirst and Grahame Thompson, "Globalization and the Future of the Nation State," *Economy and Society*, Vol. 24, No. 3（August 1995）, pp. 408-442. Paul and Grahame 甚至提出「聯合主權」(Pool Sovereignty）的說法，認為國家將主權權利共同委交給超國家機構行使，進而使得此一機構獲得新生命與新角色。

機制雖然並未獲得授權，但卻有效地發揮功能。因此即使國際社會處於無政府狀態，但是透過國家間、組織間和個人之間利益的調整，最終可以獲得人類的共同利益。[11]此外另一常被接受與引用的定義係由1992年聯合國正式成立之「全球治理委員會」（Commission on Global Governance）所做出，該委員會在1995年的報告中，對全球治理做了如下相關的界定：[12]

> 治理是各種或公或私的個人和機構，在處理他們的共同事務的諸多方式的總和。它是使相互衝突或不同利益得以被調和並採取聯合行動的持續過程。它包括了有權迫使人們服從的正式機構和規章制度，也包含了非正式的各種安排；而前述這些機制，均基於人民和機構的同意或符合他們的利益而被設置。在全球這一層級而言，治理過去一直被視為是政府間的關係，如今則必須被加以瞭解，它同時也與非政府組織（NGOs）、各種公民運動、多國籍公司（MNCs），以及全球資本市場相關聯；並且，這些全球治理過程中的行動者也都與具有廣泛影響作用的全球傳播媒體產生互動。

易言之，全球治理是政治全球化中的主軸，國家或政府不再是一個單一的行為者，政府因其組織型態、人員優弱、財務狀況、或是國際關係等因素，使其必須透過與其他行為者的合作，以達成其原先設定的政策目標，並且因為合作，也會使得

---

[11] James N. Rosenau, "Governance, Order, and Change in World Politics", in James N. Rosenau and Ernst Otto Czempiel, eds., *Governance without Government: Order and Change in World Politics*(Cambridge: Cambridge University Press, 1992）, pp. 1-29.

[12] 見 The Commission on Global Governance, *Our Global Neighborhood*（Oxford: Oxford University Press, 1995）, pp. 2-3.

各個行為者的利益達到最大化。全球治理意味著存在一個類似國家機制的全球社會，涵蓋各種層次的國際行為者，涵蓋了傳統的民族國家、公民社會、宗教組織、商業團體、甚至是個人。[13] 因此全球化下的國際社會並無單一權威，決策權也不再由個別的國家或政府所掌握，而是由多重行為者在不同的層次上分享此一權力。[14]

而參與國際組織就是參與全球治理的其中之一，也是主要的項目，各國在參與國際組織的同時，必須要讓渡部分的傳統國家權力，甚或是特定功能的主權權力，得以在國際組織的決策過程中獲取利益。然而值得注意者為，前述所讓渡之國家權力往往為功能性的權力，例如在歐盟的歐元架構中，會員國的貨幣主權受到限制，或是在世界貿易組織（World Trade Organization, WTO）中，會員國的關稅主權受到制約等。

由前述對於全球化發展過程中所引發的主權弱化議題來看，「合作」已成一項重要的解決手段，特別是在處理與各國利益密切相關的議題時，流行性疾病的傳播與消弭即是一例。衛生議題之解決有賴於相關各國的合作，強調合作將有利於目標的達成。在此一面向上，全球治理則已經為合作提供了實際的條件和基礎。此種合作不僅可以透過區域內相關成員，亦可透過相關政府間國際組織（IGO）或非政府間國際組織（NGO）加以推動。

---

[13] Annabelle Mooney and Betsy Evans, *Globalization: The Key Concepts*（London and New York: Routledge, 2007）, pp. 107-108; Robert O. Keohane, “Global Governance and Democratic Accountability”, in David Held and Mathias Koenig-Archibugi, eds., *Taming Globalization: Frontiers of Governance*（Oxford: Polity Press, 2003）, pp. 130-159.

[14] Liesbet Hooghe and Gary Marks, “Unraveling the Central State, but How? Types of Multi Level Governance,” *American Political Science Review*, Vol. 97, No. 6, 2003, pp. 233-243.

由人類發展的歷史來看，國際組織的成立、轉變與發展事實上並不佔有長遠的份量。[15]不過由於國際組織在協調或解決議題的明顯角色，使得國際組織（無論為政府間或非政府間）的成長出現明顯的趨勢。就其所能發揮的功能而論，國際組織具有以下之功能：[16]

一、利益的連結與匯集

國際組織可以運用各種方式，例如以論壇的方式將會員國之間的利益連結與匯集在一起，許多的國際組織在這一方面都有傑出表現，例如屬於非政府間國際組織的國際航運商會（International Chamber of Shipping）、或是「國際法學會」（International Law Association）；以及屬於政府間國際組織的「國際勞工組織」（International Labour Organization, ILO）或是「國際民用航空組織」（International Civil Aviation Organization）等。

---

[15] 一般認為設立於 1804 年，由法國與日耳曼邦聯成立的萊茵河委員會（Rhine River Commission）是最早的政府間國際組織型態，該委員會設立萊茵河通航規則，並有一個審判機制，以起訴違反規則的個人。Kelly-Kate Pease, *International Organizations: Perspectives on Governance in the Twenty-First Century*, 2nd edition（New Jersey: Prentice Hall, 2003）, pp. 19-20.

[16] Clive Archer, *International Organizations*（London and New York: Routledge, 2001）, pp. 94-108; Walter Carlsnaes, Thomas Risse, and Beth A. Simmons, *Handbook of International Relations*（London: SAGE Publications, 2002）, pp. 506-507; Henry J. Steiner, "International Protection of Human Rights", in Malcolm D. Evans, ed., *International Law*（Oxford: Oxford University Press, 2003）, pp. 759-761; Jan Klabbers, "Two Concepts of International Organization", *International Organizations Law Review*, Vol.2, No. 2（2005）, pp. 277-293.

二、規範的功能

在許多國際組織的章程中含括了人類世界的共同價值，例如聯合國於 1948 年 12 月通過的「世界人權宣言」（Universal Declaration of Human Rights），[17]該宣言表現出對於人權的重視，此外，建構世界貿易組織（WTO）的協定[18]則致力於世界經濟秩序的建立。

三、社會化的功能

國際組織大多有其核心價值，經由這些核心價值，國際組織可以對其會員國產生一定的影響力，進一步去影響組織成員在國際上的行為。若由國際法的角度而論，當一個國家決定加入一個國際組織時，其意涵明白表達出這個國家願意接受該組織的核心價值，並且願意接受該組織的規範。

四、制定規則的功能

國際組織的規則來自於其會員的明白表意，以聯合國而論，聯合國大會的決議雖然不是國際法，但是由於大會係由聯合國的會員所參加，基於聯合國當前的會員國幾乎已經包含全世界的國

---

[17] Universal Declaration of Human Rights 全文見 http://www.un.org/en/documents/udhr/. Visited on 10/1/2011.

[18] Agreement Establishing the World Trade Organization, 參考世界貿易組織網站，http://www.wto.org/english/docs_e/legal_e/04-wto.pdf. Visited on 10/1/2011.

家，[19]因此所通過的決議（resolution）幾乎是由世界上所有國家所共同通過的。在此情形下，國家在面對此種決議時，需要考量不遵守這些規範所可能導致的後果，而這也是形成「軟法」的一個過程。

五、規則運作與審判的功能

由於國際組織不像政府一樣擁有權威性的中央機構，除了少數具有強制性的規則外，如聯合國憲章中關於維持和平的規定，國家大多選擇性的接受國際組織所通過的規則。除此之外，國際法院（International Court of Justice, ICJ）所作出的判決，對於國家也會產生一定的拘束力。

六、資訊傳播與其他的功能

透過科技的進步與發展，使得國際組織可以運用媒體與網路等媒介，將組織的訊息傳播到世界各地，不僅維持了會員之間的聯繫，也在議題的釐清、制定與發展上具有主導的地位。

七、產生壓力的功能

針對若干在國際社會已然被高度關切的議題，國際組織（特別是非政府間國際組織）會扮演壓力團體的角色，對於在此一議題表現不佳的國家形成心理或國家聲望的壓力。這在人權保障或環境保護等議題的討論上特別明顯，前者著名的有國際特

---

[19] 目前聯合國的會員國共有 192 個，見聯合國網站，http://www.un.org/en/members/growth.shtml. Visited on 10/1/2011.

赦組織（Amnesty International），後者則有如綠色和平（Green Peace）等。

依前所述，在傳統的國際政治環境中，國際事務之運作係以國家為基本的單位，依照各自有形的地理疆界作為範圍，輔以經過國家同意的國際組織或協定進行合作，以維繫或發展國家間的利益。然而隨著國際事務的多元化發展，當前國家所面對的事務已經廣泛地涵蓋了政治、經濟、法律、技術、文化、媒體傳播、環境生態和社會發展等面向，而這些面向之間又出現高度重疊與互動的關係，甚至難以界定其特性。以本研究所論及之海洋漁業活動為例，「漁業（fisheries）」所指涉的內容除了傳統中所認定的漁捕（fishing）活動之外，尚包括了之前的造船工業、人員募集及福利、漁具生產等程序，以及之後的港口設備與管理、運輸、漁產品生產及貿易等層面。而以上所指的各個生產階段在當今的環境之下，為能維持一國的漁業生存，極少能夠單純地由一國之國內決策加以掌控。相對的，全球化的貿易行為、對此等行為的規範、甚至是對全球漁業環境的治理（governance），在漁業活動中都具體而微地展現出來。

第三節　國際漁業組織的角色

在全球化的發展之下，國家雖然不必然受到摧毀，但是其相對的功能與權利無可避免地受到侵蝕，特別是國家主權的自主性遭受到相當程度的削弱，國家在面對若干議題時，會面臨到無法單獨解決的窘境。因此，透過國家之間的合作，進而謀求符合共同利益的目標，乃成為解決困境的方法之一。[20]

---

[20] Georges Abi-Saab, *The Concept of International Organization* (Paris:

此種發展所導致的影響在於國際組織的治理（governing）過程中，國家不得不讓渡部分主權，以促成國際組織的行動能夠獲得開展，以及其功能能夠發揮，進而使得議題能夠獲得滿意的解決。相對而言，國際組織的政策也會對於其會員國的國家決策產生影響，易言之，接受國際組織的治理手段，將使國家無法單向思考與制訂其政策。這可由諸多現有的國際組織治理制度中觀察得到，例如歐盟（European Union）的單一貨幣政策（currency policy）使得接受歐元的會員國，在實施此一制度過程中，其原屬國家主導的貨幣主權已經受到制約。[21]

若將前述發展套用至國際漁業活動的現實面，吾人依然可以觀察到此種現象。以建立魚產品生態標籤（eco-labelling）的作法為例，其概念在於透過消費者與生產者之間的商業行為，能夠對於漁業活動加以規範，達到有效管理與永續利用資源的目標。[22] 美國羅德島大學環境和自然資源經濟系（Department of Environmental and Natural Resource Economics, University of Rhode Island）的凱西威索（Cathy R. Wessells）教授等人對於生態標籤的解釋是：具有生態標籤的產品，是一種向消費者明示的特殊方法，透過一套認證機制以檢驗產品之生產者已經採取特別措施，於製造過程中盡量避免或減低對環境的不良影響。而在海鮮產品的生態標籤方面，則主要著重於產品製造過程的監測，視

UNESCO, 1981）, p. 10.

[21] 關於歐盟貨幣政策，見 http://ec.europa.eu/economy_finance/euro/index_en.htm. 由全球化與區域化角度觀察歐盟，亦見：Paul Taylor, *International Organization in the Age of Globalization*（New York: Continuum, 2003）, Chapter 3.

[22] 關於生態標籤與永續漁業的討論，見 Carolyn Deere, *Eco-Labelling and Sustainable Fisheries*（Rome: FAO, 1999）.

其是否符合這項認證。[23]而歐洲聯盟對於生態標籤的看法為，向消費者提供對於產品的指導，其目的在降低生物生命週期中對環境所產生的影響，並對貼上標籤的產品提供環境特性的資訊。[24]若論關於生態標籤的應用之分析，在前述討論到貿易措施的內涵時，已經論及生態標籤的概念。整體來看，在國家的實踐上，透過對於生態標籤的使用，能夠鼓勵和教育消費者食用捕自漁源已經獲得繁衍補充的魚群，或是在處理的過程中符合食品衛生安全標準的產品。目前這種作法已經獲得全球許多企業、政府與義工團體的支持，以「海洋管理委員會」(Marine Stewardship Council)的實踐為例，共有 70 個國家或地區之海鮮食物登記符合標準之標籤。[25]

值得注意的是，FAO 漁業部（Fisheries Department）亦對於生態標籤的應用賦予相當程度的關心，在其 2000 年至 2001 年的主要工作計畫活動中即將漁產品的生態標籤列入：[26]

> 對自然資源產品加貼生態標籤的問題持續地予以支持和關心，已有建議提出對漁產品進行認證之申請，以證明就其資源及環境而言，產品係來自於永續管理的漁業和生產系統。目前，實施中的漁產品生態標籤計劃極少，

---

[23] Cathy R. Wessells, Robert J. Johnston, and Holger Donath, "Assessing Consumer Preferences for Ecolabeled Seafood: The Influence of Species, Certifier and Household Attributes", *American Journal of Agricultural Economics*, Vol. 81（1999）, pp. 1084-1089.

[24] The European Commission, Revision of the Eco-label, see http://ec.europa.eu/environment/ecolabel/about_ecolabel/revision_of_ecolabel_en.htm. Visited on 10/1/2011.

[25] Marine Stewardship Council, see http://www.msc.org/where-to-buy/msc-labelled-seafood-in-shops-and-restaurants. Visited on 10/1/2011.

[26] See http://www.fao.org/fi/struct/mission/english.asp. Visited on 10/1/2011.

> 但顯然在近程至中程的時間內，高收入漁產品市場上此種實踐將日益普遍。漁業部將公布對魚和漁產品加貼生態標籤的各重要層面所進行的審查結果，以及對國際生態標籤準則的理由分析。

FAO在2002年6月份的一次會議中通過了關於全球生態標籤計畫的指導方針、標準和目的等議題；[27]並且更進一步於2005年通過了「海洋捕撈漁業之魚及漁產品生態標籤指導方針」（Guidelines for the Ecolabelling of Fish and Fishery Products from Marine Capture Fisheries），[28]此一指導方針的目的在鼓勵國家與區域性漁業管理組織（Regional Fisheries Management Organizations, RFMOs）制訂與發展生態標籤計畫（eco-labelling schemes），以認證與促進經過良好管理的海洋捕撈漁業產品之標籤，並能夠注意到漁業資源永續利用的相關議題。[29]由此可知FAO對於生態標籤的計畫規範與實踐又向前推進了一步，也強調出了國家與區域組織合作的重要性。

生態標籤的使用與要求是否會構成水產品貿易中的非關稅（或技術性）障礙，雖然仍待探討，但是透過政府間與非政府間國際組織所發揮的力量，則再度證明了全球治理所帶來的決策影響力。而在針對漁業資源養護與管理的層面，則可以見到全球性漁業組織和區域漁業管理組織（regional fisheries management organization，簡稱RFMO）同時並存的現象，前者

---

[27] See http://news.0731fdc.com/mixture/20026/18/o_1455019.html. Visited on 10/1/2011.

[28] FAO, *Guidelines for the Ecolabelling of Fish and Fishery Products from Marine Capture Fisheries* (Rome: FAO, 2005). See ftp://ftp.fao.org/docrep/fao/008/a0116t/a0116t00.pdf. Visited on 10/1/2011.

[29] *Ibid.*, para. 1.

以聯合國糧農組織做為代表，後者則可以在現存許多的區域性漁業組織上觀察得到，這又會引發究竟何者能夠發揮較佳管理效果的爭論。區域性國際組織的定義可為「政府間透過條約的規範，根據地理、社會、文化經濟、政治等因素把世界上有共同目標的某個區域結合起來，並且擁有一個正式運作的機構」，[30]其成員國以某一地區為範圍，具局部性；若將區域性國際組織和全球性國際組織進行比較，區域性組織因為受限於區域範圍的限制，因此其規模較小，且處理的事務較受規範。不過也因區性組織的成員是以特定地區內的國家為主，由於具有地理上的鄰近性，對於區域內的事務會有較佳的理解，在處理上會有較高的投入。而此種特性在區域性漁業組織上，會有更明顯的表現。由於漁業資源在海洋中洄游的習性，甚至於若干魚類（例如鮪魚等）具有高度洄游性，或是處於某一特定海域內的特性，因而在捕撈作業上容易發生爭議，因此有必要針對魚類的生長環境與特性等做出區域劃分管理，才能在個別魚種上得到理想的管理養護效果，區域漁業管理組織乃在此情形下產生，在設立的宗旨上，往往藉由集體行動產生區域漁業發展利用的共同利益，同時也能夠有效地解決該區域內所發生的漁業問題。[31]

除此之外，國際漁業組織亦在國際法的發展中扮演重要的角色，甚至於出現顛覆傳統國際法的情形。由以下對於「中西太平洋漁業委員會」（WCPFC）針對公海漁船登臨檢查的制度發展上，更可以明白看出此一變動。

---

[30] A. L. Bennett and J. K. Oliver, *International Organizations: Principles and Issues,* 7th edition（Saddle River, New Jersey: Person Education Inc., 2002）, p. 237.

[31] Are K. Sydnes, “Regional Fishery Organization in Developing Regions: Adapting to Changes in International Fisheries Law”, *Marine Policy*, Vol. 26（2002）, p. 373.

第四節　登臨與檢查程序在 WCPFC 架構內的發展

「非法的、不報告的和不接受規範的漁捕行為」（IUU）一直是公海捕魚活動過程中，向來受到國際社會關切的問題，因為此種漁捕活動的進行，將會導致魚種數量減少，進一步使得合法可捕量的減少，並使合法漁民與漁撈國之經濟利益減少；還會影響漁業資源預估的正確性，進一步將對總可捕量（Total Allowable Catch, TAC）之決定造成誤判；這些均會誘發捕魚國傾向盡可能捕捉最大量的資源，如此將會導致魚種的衰絕，甚至於導向「共有財的悲劇」（tragedy of common property）情況之發生。[32]

為了避免前述悲劇的發生，聯合國糧農組織在 2001 年 3 月的第 24 會期中通過了「預防、制止和消除非法、不報告和不接受規範的捕魚活動國際行動計畫」（International Plan of Action to Prevent, Deter, and Eliminate Illegal, Unreported and Unregulated Fishing），並對 IUU 一詞做出完整之定義。[33]

2001 年「預防、制止和消除非法、不報告和不接受規範的捕魚活動國際行動計畫」乃是以解決 IUU 漁捕問題為目標，雖然這是一份不具法律拘束力之文件，然而就全球漁業規範演進以及漁業資源養護管理的角度觀之，其仍有積極的貢獻。特別是其呼籲建立全球性、區域性以及國家性之管理架構，同時，

---

[32] 關於 Tragedy of Common Property 的討論，見 Garrett Hardin, “The Tragedy of the Commons”, *Science*, Vol. 162（13 December 1968）, pp. 1243-1248.

[33] 關於 IUU 的定義與相關討論，見本書第二章第七節。

該行動計畫亦就個別問題分別提出船旗國、沿海國、港口國所應當扮演的角色。

中西太平洋漁業委員會（West and Central Pacific Fisheries Commission，簡稱 WCPFC）於 2004 年 12 月依據「中西太平洋高度洄游魚群養護與管理公約」（Convention on the Conservation and Management of the Highly Migratory Fish Stocks of the Western and Central Pacific Ocean，以下簡稱 WCPFC 公約）所成立，[34]現有之會員（Members）有澳洲、中國大陸、加拿大、庫克群島、歐盟、斐濟、密克羅尼西亞、法國、日本、吉里巴斯、韓國、馬紹爾群島、諾魯、紐西蘭、尼威、帛琉、巴布亞紐幾內亞、菲律賓、薩摩亞、索羅門群島、中華台北、[35]東加、吐瓦魯、美國、及萬那杜。[36]WCPFC 的「公約區域」（Convention Area）係由澳洲南岸向南沿東經 141 度至其與南緯 55 度交會點，再向東沿南緯 55 度至其與東經 150 度交會點，再沿東經 150 度向南至其與南緯 60 度交會點，再沿南緯 60 度向東至其與西經 130 度之交會點，再沿西經 130 度向北至其與南緯 4 度之交會點，再沿南緯 4 度向西至其與西經 150 度之交會點，再沿西經 150 度向北。（參見圖 1）

由於 WCPFC 涵蓋了相當多數量位於中西太平洋海域的島嶼國家，因此 WCPFC 公約的意旨有相當大比例規範了此一水域中對於漁業資源的養護與管理作為。[37]也因為強調高度的

---

[34] 該公約係於 2000 年 9 月 5 日通過，2004 年 6 月 19 日達到生效條件後生效。公約全文見 http://www.wcpfc.int/system/files/documents/convention-texts/text.pdf. Visited on 10/1/2011.

[35] 我國係以中華台北之名稱，漁捕實體之身分加入該公約成為 WCPFC 委員會的會員。

[36] 關於 WCPFC 會員名單，見 http://www.wcpfc.int/about-wcpfc. Visited on 10/1/2011.

[37] 例如在該公約序言中即已表達「承認區域內開發中小島國、領地與屬地之生態與地理的脆弱性，其對高度洄游魚類種群之經濟與社會的依

養護與管理措施，所以在 WCPFC 的公約中即以明確的條文規定出登臨與檢查的規範原則，這在現有的區域性漁業管理組織中，該作法應屬先進，此應是與 WCPFC 為自 1995 年「魚種協定」通過後第一個成立[38]且為實踐該協定規範的區域性漁業組織有相當的關係。

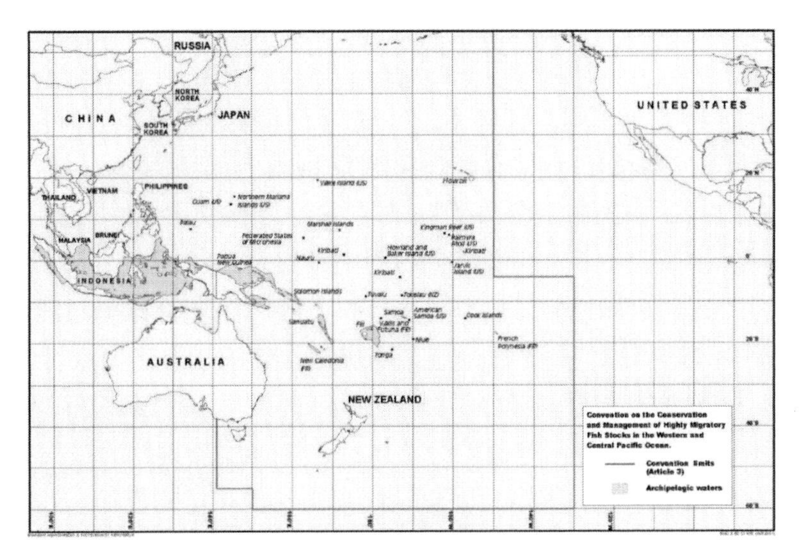

圖 1　WCPFC 公約區域圖

資料來源：http://www.wcpfc.int/system/files/documents/convention-texts/Map.pdf.
檢視日期：2011 年 2 月 22 日。

賴，及其對特定援助的需求，包含財務、科學與技術之援助，以使他們能有效參與高度洄游魚類種群之養護、管理與永續利用。進一步承認更小的開發中島國所具有的獨特需求，要求在提供財務、科學與技術援助上給予特別的關注與考慮，認知到相容、有效及具約束力之養護與管理措施，只能藉沿海國與在區域內捕魚的國家間之合作方能達成，深信透過建立一個區域委員會，可能最有利於達成中西太平洋整體高度洄游魚類種群的有效養護與管理。」

38 構建 WCPFC 的公約於 2004 年 6 月 19 日生效，見 http://www.wcpfc.int/about-wcpfc.

一、「魚種協定」對公海登臨與檢查權之影響

1995 年「執行聯合國海洋法公約有關養護與管理跨界魚群及高度洄游魚群條文協定」之通過，代表了國際社會對於洄游於國家海域疆界的魚種賦予高度關切的狀態，因為若無相關國家間的合作，針對這些魚種的養護與管理措施將會完全失去功能。而此種合作的具體表現之一即是展開對於公海漁船的監控，其中一項突破性的作法為登臨與檢查，「魚種協定」第 20 條至第 22 條即為其對在公海作業漁船登臨與檢查規定之主軸。「魚種協定」第 20 條規定各國應直接地或透過分區域或區域漁業管理組織或安排合作，以確保養護和管理跨界魚類種群和高度洄游魚類種群的分區域和區域措施的遵守和執法工作。明顯可見，這是國際法中合作原則的表現。而第 21 條第 2 項進一步指出，各國應透過分區域或區域漁業管理組織或安排制定登臨和檢查的程序，以及執行本條其他規定的程序。此種程序應符合本條規定和第 22 條所列舉的基本程序，且不應歧視非組織成員或非安排參與方。此再一次地強調了漁業管理組織的中介角色，無論其為區域的或是分區域的。

至於為執行登臨與檢查行動時各個階段應當留意之內容，「魚種協定」亦做出了相關之規定，茲分析如下：

第一、登臨與檢查的發動者及使用的船舶：「魚種協定」第 21 條第 4 項規定檢查國應直接或透過有關分區域或區域漁業管理組織或安排，將其發給經正式授權的檢查員的身份証明式樣通告船舶在分區域或區域公海捕魚的所有國家，而用於登臨和檢查的船舶應有清楚標誌，以識別其執行政府公務的地位。

第二、有權檢查的項目：「魚種協定」第 22 條第 2 項規定檢查員應有權檢查船舶、船舶執照、漁具、設備、記錄、設施、漁獲和魚產品及任何必要有關證件。

第三、檢查國和檢查員的義務：「魚種協定」第 21 條第 10 項規定，檢查國應規定其檢查員遵守有關船舶和船員安全的國際規則和公認的慣例和程序，盡量減少對捕魚活動的干預，並在切實可行的範圍內避免採取不利地影響船上漁獲質量的行動。「魚種協定」第 22 條第 1 項規定，檢查國應確保登臨和檢查不以可能對任何漁船構成騷擾的方式進行，且應確保經其正式授權之檢查員：

1. 向船長出示授權證書並提供相關之養護與管理措施的文本或已生效之條例規章；
2. 在登臨與檢查時向船旗國發出通知；
3. 在進行登臨和檢查期間不干預船長與船旗國當局聯絡的能力；
4. 向船長和船旗國當局提供一份關於登臨和檢查的報告，在其中註明船長要求列入報告的任何異議或聲明；
5. 在檢查結束，未查獲任何嚴重違法行為證據時迅速離船；
6. 避免使用武力，但為確保檢查員安全和在檢查員執行職務時受到阻礙而必須使用者除外，並應以不應超過根據情況為合理需要的程度為限。

第四、接受檢查的義務：「魚種協定」第 22 條第 4 項規定，如船舶船長拒絕接受登臨和檢查，除根據有關海上安全的公認國際條例、程序和慣例而必須延後登臨和檢查的情況外，船旗國應指令船隻船長立即接受登臨和檢查，如船長不按指令行事，船旗國則應吊銷船舶的捕魚許可並命令該船舶立即返回港口。

因此，為了養護與管理中西太平洋地區的漁業資源，需要一個具體的國際漁業組織以發揮其功能，並期待能夠制訂一個提供中西太平洋區域內國家願意接受之登臨與檢查程序，此亦即為本文所欲探討之「中西太平洋漁業委員會之登臨與檢查程序」（Western and Central Pacific Fisheries Commission Boarding and Inspection Procedures）。[39]

二、WCPFC 公約的規範

WCPFC 公約第 26 條規定了關於登臨與檢查的基本架構，第 1 項規定：[40]

為確保遵守養護與管理措施之目的，委員會應建立公約區域（convention area）內公海上作業漁船的登臨與檢查程序。所有用來進行登臨與檢查公約區域內公海上作

39 登臨與檢查程序係於 2006 年 12 月 15 日公布，關於該程序之全文，見 http://www.wcpfc.int/doc/cmm-2006-08/western-and-central-pacific-fisheries-commission-boarding-and-inspection-procedures. Visited on 10/1/2011.

40 原文為：1. For the purposes of ensuring compliance with conservation and management measures, the Commission shall establish procedures for boarding and inspection of fishing vessels on the high seas in the Convention Area. All vessels used for boarding and inspection of fishing vessels on the high seas in the Convention Area shall be clearly marked and identifiable as being on government service and authorized to undertake high seas boarding and inspection in accordance with this Convention.

業漁船的船舶應清楚標誌，可以識別的為政府服務，並依本公約經授權從事公海登臨與檢查。

第 1 項之目的在於為未來在公約區域內公海上作業漁船的登臨與檢查程序建立基本的法律規範基礎，同時對於用來進行登臨與檢查船舶的描述，與海洋法公約中規範在公海上行使「登臨權」（Right of Visit）的船舶為軍艦或是「經正式授權並有清楚標誌可以識別的為政府服務的任何其他船舶或飛機」，[41]以及行使「緊追權」（Right of Hot Pursuit）的船舶只可為「軍艦、軍用飛機或其他有清楚標誌可以識別的為政府服務並經授權緊追的船舶或飛機」[42]的規定接近，所不同者有二：一是從事公海登臨與檢查的主體僅有船舶，並未如海洋法公約中所包含的飛機；其二是 WCPFC 公約中加上了「並依本公約經授權從事公海登臨與檢查」，顯然是在彌補對於公海漁船進行登臨與檢查時尚不完備的國際法基礎，是以還需 WCPFC 公約的授權執行。此外，登檢程序係由委員會所制定，因此委員會會員皆可對於登檢程序中的內容表達意見，以達「共識決」（consensus）為目標。[43]

WCPFC 公約第 26 條第 2 項規定：[44]

---

41 海洋法公約，第 110 條第 1 項及第 5 項。

42 海洋法公約，第 111 條第 5 項。

43 Rules of Procedure, WCPFC, Rule 22.

44 原文為：2. If, within two years of the entry into force of this Convention, the Commission is not able to agree on such procedures, or on an alternative mechanism which effectively discharges the obligations of the members of the Commission under the Agreement and this Convention to ensure compliance with the conservation and management measures established by the Commission, articles 21 and 22 of the Agreement shall be applied, subject to paragraph 3, as if they were part of this Convention and boarding and inspection of fishing vessels in the Convention Area, as well as any subsequent enforcement action, shall be conducted in accordance with the procedures set out therein and such additional

> 若在本公約生效後兩年內，委員會無法就建立該程序，或使委員會會員有效履行「協定」及本公約下之義務，以確保遵守「委員會」所建立之養護與管理措施的替代機制達成協議，則在第 3 項限制下，「協定」第 21 條與第 22 條視同為本公約之一部分予以適用，而公約區域內漁船之登臨與檢查，以及任何隨後的執法行動，應依其所設定的程序及其他委員會所決定為履行「協定」第 21 條與第 22 條所必須而附加可行程序來執行。

由於制定在公海海域實施登臨與檢查的程序在實務上涉及對傳統國家主權管轄的影響，因此 WCPFC 公約雖然對於登臨與檢查的執行有所期待，但也務實地明瞭在實踐上可能會面臨阻礙，因而在相關規則的制定上提出了兩年的期限，亦即在實務上規定若到達了 2006 年 6 月仍未能制定出相關的規範，則將適用 UNFSA 的規定程序。也因為此一條款所規定的兩年期限，促使 WCPFC 委員會積極地尋求制定相關的規定，此在後續的討論會再論及。

WCPFC 公約第 26 條第 3 項接續規定：[45]

> 每一委員會會員應確保懸掛其旗幟的漁船接受依此類程序經適當授權的檢查員登船，此類正式授權的檢查員應遵守登臨與檢查的程序。

---

practical procedures as the Commission may decide are necessary for the implementation of articles 21 and 22 of the Agreement. 該項中所指之「協定」係為 1995 年「魚種協定」。

[45] 原文為：3. Each member of the Commission shall ensure that fishing vessels flying its flag accept boarding by duly authorized inspectors in accordance with such procedures. Such duly authorized inspectors shall comply with the procedures for boarding and inspection.

就其實質內容觀之，本項的規定涉及兩個事項，第一為WCPFC 委員會的會員應當保證其船舶接受登臨與檢查；第二是執行登臨與檢查的人員應當遵守的基本規範。不過，至此一階段為止，執行人員的授權基礎是來自於 WCPFC 委員會？或是來自於條約而建立之互相登臨與檢查的機制？則仍未獲得確定。

三、WCPFC 登臨與檢查決議的規範

受到 WCPFC 公約第 26 條第 2 項關於兩年期限的影響，WCPFC 委員會於 2006 年 12 月 11-15 日在薩摩亞阿庇亞（Apia, Samoa）所召開之會議中通過「中西太平洋漁業委員會之登臨與檢查程序」（Western and Central Pacific Fisheries Commission Boarding and Inspection Procedures，以下簡稱「WCPFC 登檢程序」），[46]對於在 WCPFC 公約區域內作業之漁船的登臨與檢查做出具體規範。接續此一發展，WCPFC「技術與紀律次委員會」（Technical and Compliance Committee，簡稱 TCC）於 2007 年 9 月 27 日至 10 月 2 日的年會中，針對執行「WCPFC 登檢程序」所延伸出的問題加以討論，包括了登檢船舶上的旗幟、獲准登檢的證明文件、登檢時所提交的標準問卷等在執行登臨與檢查程序上所需具備的技術性要件。[47]

---

[46] Western and Central Pacific Fisheries Commission Boarding and Inspection Procedures, Conservation and Management Measures 2006-08, 11-15 December 2006.

[47] WCPFC-TCC3-2007/11（Rev.1）, in Third Regular Session of WCPFC Technical and Compliance Committee, available at: http://www.wcpfc.int/tcc3/pdf/WCPFC-TCC3-2007-11 _Rev.1 “High Seas Boarding and Inspection Procedures _Revised”.pdf. Visited on 18/12/2010.

依據「WCPFC 登檢程序」第 5 段之規定，「締約方得在公海對從事或據報從事公約所規範之漁業的漁船執行登臨檢查程序。」[48]因此在原則上，唯有締約方[49]才可主動採取登臨與檢查的行為，同時係以從事公約所規範之漁業漁船為登臨檢查的對象。對於此一條文的判讀，亦可由「WCPFC 登檢程序」第 7 段中進一步得知，「每一委員會會員應確保懸掛其旗幟之船舶，接受符合本程序經授權之檢查員所為之登臨與檢查。……」[50]此因該條文要求委員會會員「應確保」(shall ensure)其船舶接受登臨與檢查。吾人若更進一步觀察「WCPFC 登檢程序」之規範，授權登臨檢查的船舶及檢查員於執行其作業時，亦應監督非會員之漁船於「公約區域」範圍之公海的捕魚行為，若發現任何這類船舶，應立即通知委員會。[51]如前述漁船所從事之捕魚行為會破壞公約之效力，則應通知委員會會員，以及該漁船之船旗國。[52]在獲得批准行動的情形下，檢查員可要求該漁船或其船旗國之同意，檢查員方可上船登臨檢

---

[48] 原文為：5. Each Contracting Party may, subject to the provisions of these procedures, carry out boarding and inspection on the high seas of fishing vessels engaged in or reported to have engaged in a fishery regulated pursuant to the Convention.

[49] 締約方（Contracting Parties）係指國家與區域經濟整合組織（regional economic integration organization），而後者則是指該組織之會員國已將 WCPFC 公約所涵蓋之事務的權能，包含就該事務對其會員國做出具拘束力之決策權力，移轉給該組織的一個區域經濟整合組織。見 WCPFC 公約第 1 條第 G 款。

[50] 原文為：7. Each Member of the Commission shall ensure that vessels flying its flag accept boarding and inspection by authorized inspectors in accordance with these procedures. Such authorized inspectors shall comply with these procedures in the conduct of any such activities.

[51] WCPFC Boarding and Inspection Procedures, Paragraph 42.

[52] WCPFC Boarding and Inspection Procedures, Paragraph 43.

查。[53]易言之，前述諸條款皆在表示「WCPFC 登檢程序」的實施對象限定在 WCPFC 委員會的會員中，亦即透過了 WCPFC 公約和登檢程序等國際文件建構出在公海海域相互登臨與檢查的法律架構。對於非 WCPFC 委員會會員船舶之登臨的法律要件，仍然回歸至傳統國際法中船旗國管轄（flag state control）的基本原則。

第五節　小結

全球化的發展促使國際事務的行為者必須思考合作的重要性，雖然國際法架構中的主權觀仍然是國家之間進行交往的行為基礎，即使此種基礎的現有狀態為相對而非絕對，甚至有被削弱的情形。不過，不可否認的事實是當前國際社會仍在主權國家的概念下運作，國際組織的治理仍然需要會員或是會員國的同意方能達致效果，此種的治理功能也才能獲得發揮。

本文認為，在傳統的國家行為議題領域中，為了能發揮國家間的合作效果，並使複雜的議題能夠獲得解決，透過國際組織的形式來行為已經成為一種普遍的思考，雖然如前所述，主權會出現不可避免的削弱過程，但是由國際組織來進行觀察，則值得注意的是，雖然單一國家的主權受到抑制與弱化，但是主權卻透過國際組織正在進行另一種形式的主張，甚至是擴張，這可以由全球治理的內容中進行理解。

由於人類漁業活動所發展出來的大規模捕魚作業方式，使得海洋中之漁業資源在短期內因為大量捕撈而出現嚴重衰退的現象，海洋生態學者甚至提出說法，認為若當前人類的捕撈

---

[53] WCPFC Boarding and Inspection Procedures, Paragraph 44.

作為仍不改進，則至 2050 年時，人類將無野生的新鮮海產可食。[54]

也因此種劇烈的生態環境改變，國際間乃有許多的行動產生，本文中所提及之生態標籤制度之產生、1995 年「執行聯合國海洋法公約有關養護與管理跨界魚群及高度洄游魚種條文協定」、2001 年「防止、阻止與消除非法的、不報告的和不接受規範的漁捕行為國際行動計畫」、以及其他若干國際漁業組織的成立與發展，皆是在因應和企圖改善此種公海漁業惡化的情形。

生態標籤主要係由非政府間國際組織所推動，係透過教育消費者消費習慣的方式，以達到非法或不環保魚產品無法銷售的目標，使該類產品消失於市場需求的作法，因此就其性質而論，亦屬「責任制漁業」的一環。

WCPFC 可以說是架構在 1995 年「魚種協定」所規範的內容上所建構的區域性漁業管理組織，也是「魚種協定」於 2001 年 12 月 11 日生效之後所正式成立的第一個國際漁業組織。[55]因此可以見到 WCPFC 在其接續處理公海漁捕行為往往會有較為跨越的作為，其所發展出來的「登臨與檢查程序」即是一例。

綜觀「登臨與檢查程序」的內容，其係期望透過國際文件的架構，建立起 WCPFC 委員會會員之間相互在公海登臨與檢查漁船的作法。若由國際法的發展加以觀察，此一作為乃在挑戰傳統國際法尊重國家主權與管轄權的基礎，亦即對公海上船舶的管轄基礎係為船旗國管轄原則之適用，可以見得 WCPFC 目前所預建構者乃是依據條約所建立的管轄原則，雖然有其限制性條件的存在，亦即受到相關各方的條約或協議是否存在之

---

[54] Boris Worm, et. el., “Impacts of Biodiversity Loss on Ocean Ecosystem Services”, *Science*, Vol. 314, No. 5800 (3 November 2006) , pp. 787-790.

[55] WCPFC 委員會於 2004 年 12 月 9 日成立。

限制。至於此種在公海海域對於漁船管轄是否會形成國際法上的管轄原則，則仍須累積足夠的執行案例以及是否有更多的漁業組織適用此種原則方能達成。無論如何，WCPFC 的作為，已經為此種國際漁業法的轉變踏出了第一步，也展現出國際組織在當今國際法律規範發展過程中的重要地位。

第六章　結論

人類對於海洋的利用，大致上可以區分為三個層面，首先是對於海洋空間的主張與佔有，這可以大航海時代對於海上生命線的探勘與維持做為代表，其特色即在於比競爭者早些發現可資利用的新航路和佔領新的活動空間，這會在航路和海域空間的主張上出現衝突。其次則是對於海洋資源的開發與利用，特別是在第二次世界大戰結束之後，許多新興國家有效地利用先進的軍事科技以及高效率的捕撈技術，積極投入海洋漁業的捕撈與生產，不僅提供國內動物性蛋白質的供應，亦促進了魚及魚產品的國際貿易。但也因為人類的大量捕撈與過度消費，漁業資源已經由傳統概念中的「取之不盡、用之不竭」成為當前人們所憂慮的「資源枯竭」。各國體認到毫無限制的採捕將會使漁業資源面臨危機，開發落後的沿海國也無法忍受其沿岸資源被先進國家以優先的技術加以掠奪，因此第三個層面的觀念遂被提倡，亦即是對於海洋生物資源的養護與管理受到重視。

跟隨著整體環境保護觀念的推展，「永續發展」一詞成為保護環境的一項重要原則，目的在除了能延續人類文明的進步之外，資源的永續利用更是國際社會的共同目標，不論是已開發國家抑或是開發中國家，「永續發展」成為國家政策的主軸思考。若將「永續發展」的概念適用在漁業資源的養護與管理上，其即指透過有效利用及養護管理的作法，不僅可以持續利用海洋生物資源，亦可達到保護海洋環境的目標。因此，如何在有限的公海漁業資源中取得各國所需的資源量，又同時可以進行養護管理措施來持續漁業活動的存在，都在「永續發展」的概念下被思考和探討。

回顧過去近三十年的發展軌跡，公海漁業資源的養護與管理已然成為國際間一項重要的議題。這種現象的產生主要是因為沿海國對其鄰接海域擴張管轄權的結果，使得原本存在的公海漁業活動必須持續性地移往離岸較遠的海域中。然而，因著漁業資源本身洄游及再生的特性，使得在公海中被遠洋漁業國捕獲的漁業資源卻可能對沿海國管轄海域中的養護與管理措施產生不良的影響，因此在現實上無法單純只依靠一個國家就能進行養護工作，唯有透過國際間的合作方能有所成就，而此種合作可以存在於國與國間的協議，或是國際組織的集體作為。亦即當前的國際社會需要一個全球治理的機制，方為達成有效養護與管理海洋漁業資源的重要途徑。

除了需要依賴國際合作的觀念之外，對於海洋資源永續發展的理念形成以及對於國內漁業管理和補貼政策的檢討也逐漸成為影響國際漁業法制發展的主要力量。國家為能維繫其漁捕產業以及維持其魚產品的市場競爭力，乃透過漁業補貼的方式，特別是以財務支持或移轉的做法，達成國家的產業發展目標。

然而目前諸多國際組織紛紛對漁業補貼制度進行研究和探討，國際社會明白錯誤的補貼制度會對資源構成何種衝擊，但是卻又因為國家利益的堅持，使得對於補貼制度的調整和政策修正又有不同的意見。但是，透過國際組織的努力，對於漁業補貼制度的調整，目前正在朝向正面的方向發展。不僅如此，若干國際組織更對魚產品貿易提出資源管理層面的思考，亦即調整市場面的消費行為，使得有破壞生態之虞的魚產品無法銷售，此不僅是魚產品全球化貿易影響力的正面應用，亦足以彰顯出國際組織在當前全球治理架構下的重要地位。

此外，限制漁捕能力的擴張雖然是關乎一國國內政策的議題，但是若由當前國際漁業資源的現況進行理解，則可以明瞭此一國家政策的調整，會造成全球漁捕能力的過剩，其結果則是造成漁業資源枯竭。同時，若無法達到降低全球漁捕能力的目標，則 IUU 捕魚行為的猖獗將會成為全球漁業管理上的缺口。因此，當前國際漁業法制的發展主軸之一，乃是圍繞著打擊 IUU，甚至於為了達到優勢管理的目的，區域漁業管理組織尚且發展出公海區域登臨與檢查漁船的措施，此一措施之實踐，固可防堵漁船的 IUU 捕魚作業，但是卻也是對於習慣國際法中「船旗國管轄」原則的重大挑戰，雖謂其係透過條約或國際組織決議而做出的行為，但是此種作法是否會在其他區域漁業管理組織被廣泛適用，進而形成適用上的慣例，則是值得關心的發展。

總結而論，國際漁業法的目的在於透過制度性地管理海洋資源，以實現合理且永續利用資源的目標。整體而論，由於缺乏了一個中央集權式的立法單位，使得一項行為原則在國際法的發展中往往耗費時日且不易觀察。然而，過去約達三十年的法理原則變化，使得當前國際漁業法的發展在整體國際法中有著極為顯著的變遷，而且可以明確觀察到正環繞在幾股主要的影響因素當中，分別是全球化發展下的全球治理架構、國際組織醞釀的法律規範、人們對於海洋生態環境的警覺、以及貿易行為和環保反思間的互動，國際漁業法律制度的發展及演進過程將是一個可以明確觀察與研究的議題。

參考書目

國際條約與其他文件

Agreement for the Implementation of the Provisions of the United Nations Convention on the Law of the Sea of 10 December 1982 Relating to the Conservation and Management of Straddling Fish Stocks and Highly Migratory Fish Stocks (Fish Stocks Agreement), UN Doc. A/CONF.164/37 (8 September 1995). Http://www.un.org/Depts/los/convention_agreements/texts/fish_stocks_agreement/CONF164_37.htm.

Agreement on Port State Measures to Prevent, Deter and Eliminate Illegal, Unreported and Unregulated Fishing (Port State Measures Agreement). Http://www.fao.org/Legal/treaties/037t-e.pdf.

Agreement to Promote Compliance with International Conservation and Management by Fishing Vessels on the High Seas (Compliance Agreement), Ftp://ftp.fao.org/docrep/fao/Meeting/006/x3130m/X3130m00.pdf.

Cartagena Protocol on Biosafety to the Convention on Biological Diversity. Http://www.humboldt.org.co/download/cgnaeng.pdf.

CCAMLR, Convention on the Conservation of Antarctic Marine Living Resources. Http://www.ccamlr.org/pu/e/e_pubs/bd/pt1.pdf.

CCSBT, Convention for the Conservation of Southern Bluefin Tuna. Http://www.ccsbt.org/docs/pdf/about_the_commission/convention.pdf.

Code of Conduct for Responsible Fisheries. Http://www.fao.org/docrep/005/v9878e/v9878e00.HTM.「責任漁業行為準則」中文譯本可見 Http://www.ofdc.org.tw/organization/01/fao/01C_fao01.pdf.

Convention for the Protection of the Marine Environment of the North-East Atlantic. Http://www.ospar.org/html_documents/ospar/html/OSPAR_Convention_e_updated_text_2007.pdf.

Convention on Biological Diversity. Http://www.cbd.int/doc/legal/cbd- en.pdf.

Declaration of Cancun. UN Doc. A/CONF.151.15, Annex.

FFA. Http://www. ffa.int.

IATTC, Convention for the Strengthening of the Inter-American Tropical Tuna Commission Established by the 1949 Convention between the United States of America and the Republic of Costa Rica. Http://www.iattc.org/PDFFiles2/Antigua_Convention_Jun_2003.pdf.

ICCAT, International Convention for the Conservation of Atlantic Tunas. Http://www.iccat.int/Documents/Commission/BasicTexts.pdf.

International Plan of Action for Reducing Incidental Catch of Seabirds in Long-line Fisheries (IPOA-Seabirds)（降低延繩釣對海鳥的誤捕國際行動計畫）. Ftp://ftp.fao.org/docrep/fao/006/x3170e/X3170E00.pdf.

International Plan of Action for the Conservation and Management of Sharks (IPOA-Sharks)（鯊類養護與管理國際行動計畫）. Ftp://ftp.fao.org/docrep/fao/006/x3170e/X3170E00.pdf.

International Plan of Action for the Management of Fishing Capacity (IPOA-Capacity)（漁捕能力管理國際行動計畫）. Ftp://ftp.fao.org/docrep/fao/006/x3170e/X3170E00.pdf.

International Plan of Action to Prevent, Deter, and Eliminate Illegal, Unreported and Unregulated Fishing, (IPOA-IUU)（預防、制止和消除非法、不報告和不接受規範的捕魚活動國際行動計畫）. Ftp://ftp.fao.org/docrep/fao/012/y1224e/y1224e00.pdf.

IOTC, Agreement for the Establishment of the Indian Ocean Tuna Commission. Http://www.iotc.org/files/proceedings/misc/ ComReportsTexts/IOTC Agreement.pdf.

IWC, International Convention for the Regulation of Whaling. Http://iwcoffice.org/_documents/commission/convention.pdf.

Ministerial Declaration on the Protection of the Black Sea. Http://www.blacksea-commission.org/_odessa1993.asp.

Ministerial Declaration, Second International Conference on the Protection of the North Sea, London, 24-25 November 1987. Http://www.seas-at-risk.org/1mages/1987 London Declaration.pdf.

NAFO, Convention on Future Multilateral Cooperation in the Northwest Atlantic Fisheries. Http://www.nafo.int/about/overview/governance/convention/convention.pdf.

NASCO, The Convention for the Conservation of Salmon in the North Atlantic Ocean. Http://www.nasco.int/pdf/agreements/nasco_convention.pdf.

NEAFC, Convention on Future Multilateral Cooperation in North-East Atlantic Fisheries. Http://www.neafc.org.

Paracas Action Agenda. Http://www.apec.org/Meeting-Papers/Ministerial-Statements/Ocean-related/2010_ocean/action-agenda.aspx.

Paracas Declaration. Http://www.apec.org/Meeting-Papers/Ministerial-Statements/Ocean-related/2010_ocean.aspx.

Plan of Implementation of the World Summit on Sustainable Development. Http://www.un.org/esa/sustdev/documents/WSSD_POI_PD/English/WSSD_PlanImpl.pdf.

Rio Declaration on Environment and Development. Http://www.c-fam.org/docLib/20080625_Rio_Declaration_on_Environment.pdf.

Stockholm Declaration. Http://www.fletcher.tufts.edu/multi/texts/STOCKHOLM-DECL.txt.

Tarawa Declaration, 14 *Law of the Sea Bulletin* (December 1989).

The Rome Consensus on World Fisheries, adopted by the FAO Ministerial Conference on Fisheries, Rome, 14-15 March 1995. Http://www.fao.org/docrep/006/ac441e/ac441e00.htm.

The Rome Declaration on the Implementation of the Code of Conduct for Responsible Fisheries（執行責任漁業行為準則之羅馬宣言）. Http://www.fao.org/DOCREP/005/X2220e/X2220e00.HTM.

UNCED, Agenda 21, Http://www.un.org/esa/dsd/agenda21/res_agenda21_00.shtml.

United Nations Framework Convention on Climate Change (UNFCCC). Http://unfccc.int/resource/docs/convkp/conveng.pdf.

Universal Declaration of Human Rights. Http://www.un.org/en/ documents/udhr/.

WCPFC, Convention on the Conservation and Management of Highly Migratory Fish Stocks in the Western and Central Pacific Ocean. Http://www.wcpfc.int/key-documents/convention-text.

WCPFC, Western and Central Pacific Fisheries Commission Boarding and Inspection Procedures. Http://www.wcpfc.int/doc/cmm-2006-08/western-and-central-pacific-fisheries-commission-boarding-and-inspection-procedures.

Wellington Convention, Convention for the Prohibition of Fishing with Long Driftnets in the South Pacific, *International Legal Materials*, Vol. 29(1990).

Wellington Convention, Final Act, *International Legal Materials*, Vol. 29(1990).

Wellington Convention, Protocol 1, *International Legal Materials*, Vol. 29(1990).

Wellington Convention, Protocol 2, *International Legal Materials*, Vol. 29(1990).

WTO, Agreement Establishing the World Trade Organization. Http://www.wto.org/english/docs_e/legal_e/04-wto.pdf.

官方文書（含國家及國際組織）

Earth Negotiation Bulletin. Http://www.iisd.ca/linkages/vol07/0716021. html.

EU, Revision of the Eco-label. Http://ec.europa.eu/environment/ecolabel/about_ecolabel/revision_of_ecolabel_en.htm.

FAO, “Food Security”, *FAO Policy Brief*, Issue 2 (June 2006).

FAO, “Promoting Sustainable Development by Eliminating Trade Distorting and Environmentally Damaging Fisheries Subsidies”. Http://www.fao.org/fishery/topic/14863/en.

FAO, “Subsidies and Fisheries”. Http://www.fao.org/fishery/topic/13333/en..

FAO, “Subsidies and Trade Distortion”. Http://www.fao.org/fishery/topic/12358/en.

FAO, *A Global Project for the Study of Impacts of Fisheries Subsidies: Technical Consultation on the Use of Subsidies in the Fisheries Sector*, Rome, Italy, 30 June-2 July 2004.

FAO, Committee on Fisheries, *Decisions and Recommendations of the Twelfth Session of the Sub-Committee on Fish Trade* (COFI/2011/3), Buenos Aires, Argentina, 26-30 April 2010.

FAO, *FAO Fisheries Technical Paper*, No. 337 (1994).

FAO, Fisheries and Agriculture Department, "Subsidies, Sustainability and Trade". Http://www.fao.org/fishery/topic/14863/en.

FAO, *Guidelines for the Ecolabelling of Fish and Fishery Products from Marine Capture Fisheries* (Rome: FAO, 2005). Ftp://ftp.fao.org/docrep/fao/008/a0116t/a0116t00.pdf.

FAO, *The State of Food Insecurity in the World 2001* (Rome: FAO, 2001).

ICJ, *ICJ Press Communiqué*, No. 95/9, 29 March 1995.

ICJ, *ICJ Press Communiqué*, No. 98/41, 4 December 1998. 。

ICJ, Advisory Opinion on Reparation for Injuries Suffered in the Service of the United Nations, *ICJ Reports*, 1949.

IMF (International Monetary Fund), "Globalization: A Brief Overview," *Issues Brief*, Issue 02/08, May 2008. Http://www.imf.org/external/np/exr/ib/2008/pdf/053008.pdf.

OECD, *Making Sure Fish Piracy Doesn't Pay*, Policy Brief (January 2006).

OECD, *Subsidies: A Way towards Sustainable Fisheries*, Policy Brief (December 2005).

UN General Assembly Resolution 47/192 (22 December 1992).

UN Population Division, *Press Release: World Population to Exceed 9 Billion by 2050* (11 March 2009). Http://www.un.org/esa/population/publications/wpp2008/pressrelease.pdf.

UN, *Human Development Report 1994* (New York: UNDP, 1994).

UN, Statement of the Chairman, Ambassador Satya N. Nandan, on 4 August 1995, Upon the Adoption of the Agreement for the Implementation of the Provisions of the United Nations Convention on the Law of the Sea of 10 December 1982 Relating to the Conservation and Management of Straddling Fish Stocks and Highly Migratory Fish Stocks. UN Doc. A/CONF.164/35 (20 September 1995).

UNEP, Fisheries Subsidies. Http://www.unep.ch/etb/areas/fishery Sub.php.

UNEP, *Certification and Sustainable Fisheries*. Http://www.unep.ch/etb/publications/FS certification study 2009/UNEP Certification.pdf

UNEP, *Sustainability Criteria for Fisheries Subsidies - Options for the WTO and Beyond*. Http://www.unep.ch/etb/publications/fishier Subsidies Environment/UNEPWWF_FinalRevi09102007.pdf.

UNEP, *Towards Sustainable Fisheries Access Agreements - Issues and Options at the World Trade Organization*. Http://www.unep.ch/etb/publications/FS Access Agreements/Inside FS Access Agreements.pdf

UNESCO, United Nations Economic and Social Council, "Managing Risks Posed by Food Insecurity Through Inclusive Social Policy and Social Protection Interventions," E/ESCAP/CSD/2/Rev.1 (24 October 2008).

United Nations General Assembly Resolution on Large-Scale Pelagic Driftnet Fishing and Its Impact on the Living Marine Resources of the World's Oceans and Seas, reproduced in 31 *International Legal Materials* (1992).

United Nations, *Report of the World Food Conference, Rome 5-16 November 1974* (New York: United Nations, 1975).

United Nations, *The Regime for High-Seas Fisheries, Status and Prospects* (New York: United Nations, 1992).

World Bank, *Poverty and Hunger: Issues and Options for Food Security in Developing Countries* (Washington DC: World Bank, 1986).

WWF website, Http://www.worldwildlife.org/what/globalmarkets/fishing/whatwearedoing.html.

WWF, "Fisheries Subsidies：Will the EU turn its back on the 2002 Reforms?". Http://assets.panda.org/downloads/eu_fisheries_subsidies _2006.pdf.

WWF, "Progress Made by Tuna Regional Fisheries Management Organizations (RFMOs)". Http://assets.panda.org/downloads/rfmo_ doc_1.pdf.

WWF, "Sea Fisheries". Http://www.wwf.org.uk/filelibrary/pdf/ma_seafshrs _wa.pdf.

WWF, "Turning the Tide on Fishing Subsidies: Can the World Trade Organization Play a Positive Role?". Http://assets.panda.org/downloads/turning_tide_ on_fishing_subsidies.pdf.

WWF, "Which Way Forward? WWF Reaction to Recent Proposals WTO Fisheries Subsidies Negotiations, Geneva, 8 February 2011". Http://assets. panda.org/ downloads/which_way_forward__final_.pdf.

WWW, "Managing Fishing Fleets". Http://assets.panda.org/downloads/ 22managingfishingfleets.pdf.

Articles

Applebaum, B., "The Straddling Stocks Problem: The Northwest Atlantic Situation, International Law, and Options for Coastal State Action," in A. H. A. Soons, ed., *Implementation of the Law of the Sea Convention Through International Institutions*, Proceedings of the 23rd Annual Conference of the Law of the Sea Institute, 12-15 June 1989, Noordwijk aan Zee (The Netherlands, Honolulu: University of Hawaii, 1990).

Balton, David A., "Strengthening the Law of the Sea: The New Agreement on Straddling Fish Stocks and Highly Migratory Fish Stocks", *Ocean Development and International Law,* Vol. 27 (1996).

Barston, R. P., "United Nations Conference on Straddling and Highly Migratory Fish Stocks", *Marine Policy,* Vol. 19 (1995).

Burke, William T., "UNCED and the Oceans", *Marine Policy*, Vol. 17 (1993).

Burke, William T., Freeberg, M., and Miles, E. L., "United Nations Regulations on Driftnet Fishing: An Unsustainable Precedent for High Seas and Coastal

Fisheries Management", *Ocean Development and International Law*, Vol. 25 (1994).

Cameron, James and Abouchar, Juli, "The Precautionary Principle: A Fundamental Principle of Law and Policy for the Protection of the Global Environment", *Boston College International & Comparative Law Review,* Vol. 14 (1991).

Cameron, James and Abouchar, Juli, "The Status of the Precautionary Principle in International Law", in Freestone and Hey, eds., David Freestone and Ellen Hey, eds., *The Precautionary Principle and International Law: the Challenge of Implementation* (The Hague: Kluwer Law International, 1996).

Cox, Anthony, "Subsidies and Deep-sea Fisheries Management: Policy Issues and Challenges". Http://www.oecd.org/dataoecd/10/27/ 24320313.pdf.

Freestone, David and Hey, Ellen, "Origins and Development of the Precautionary Principle", in David Freestone and Ellen Hey, eds., *The Precautionary Principle and International Law: the Challenge of Implementation* (The Hague: Kluwer Law International, 1996).

Gross, Rainer, et al., "The Four Dimensions of Food and Nutrition Security: Definitions and Concepts". Http://www.foodsec.org/DL/course/shortcourseFA/en/pdf/P-01_RG_Concept.pdf.

Gündling, P. L., "The Status in International Law of the Principle of Precautionary Action", in David Freestone and T. Ijlstra, eds., *The North Sea: Perspectives on Regional Environmental Cooperation* (London: Graham & Trotman, 1990).

Hardin, Garrett, "The Tragedy of the Commons," *Science*, Vol. 162 (13 December 1968).

Hey, Ellen, "The Precautionary Approach: Implications of the Revision of the Oslo and Paris Conventions", *Marine Policy,* Vol. 15 (1991).

Hirst, Paul and Thompson, Grahame, "Globalization and the Future of the Nation State", *Economy and Society,* Vol. 24, No. 3 (August 1995).

Hooghe, Liesbet and Marks, Gary, “Unraveling the Central State, but How? Types of Multi Level Governance”, *American Political Science Review*, Vol. 97, No. 6 (2003).

Johnston, D. M., "The Driftnetting Problem in the Pacific Ocean: Legal Considerations and Diplomatic Options", *Ocean Development and International Law*, Vol. 21 (1990).

Keohane, Robert O., “Global Governance and Democratic Accountability,” in David Held and Mathias Koenig-Archibugi, eds., *Taming Globalization: Frontiers of Governance* (Oxford: Polity Press, 2003).

Klabbers, Jan, “Two Concepts of International Organization”, *International Organizations Law Review,* Vol.2, No. 2 (2005).

Kwiatkowska, Barbara., “Creeping Jurisdiction beyond 200 Miles in the Light of the Law of the Sea Convention and State Practice”, *Ocean Development and International Law,* Vol. 22 (1991).

Marine Stewardship Council. http://www.msc.org/where-to-buy/msc-labelled-seafood-in-shops-and-restaurants.

Maxwell, S. and Smith, M., “Household Food Security: A Conceptual Review”, in S. Maxwell and T. R. Frankenberger, eds. *Household Food Security: Concepts, Indicators, Measurements: A Technical Review* (New York and Rome: UNICEF and IFAD, 1992).

Meltzer, E., "Global Overview of Straddling and Highly Migratory Fish Stocks: The Nonsustainable Nature of High Seas Fisheries", *Ocean Development and International Law*, Vol. 25 (1994).

Meltzer, E., "Global Overview of Straddling and Highly Migratory Fish Stocks: The Nonsustainable Nature of High Seas Fisheries", *Ocean Development and International Law*, Vol. 25 (1994).

Miles, E. L. and Burke, William T., "Pressures on the United Nations Convention on the Law of the Sea of 1982 Arising from New Fisheries Conflicts: The Problem of Straddling Stocks", in T. A. Clingan, Jr. and A. L. Kolodkin, eds., *Moscow Symposium on the Law of the Sea*, Proceedings of a Workshop

Co-sponsored by the Law of the Sea Institute, 28 November - 2 December 1988 (Honolulu: University of Hawaii, 1991).

Moore, Gerald, "The Code of Conduct for Responsible Fisheries", in Ellen Hey, ed., *Developments in International Fisheries Law* (The Netherlands: Kluwer Law International, 1999).

Progressive Policy Institute (PPI), "Fish Subsidies are $15 Billion a Year", *Trade Fact of the Week* (28 January 2004). Http://www.dlc.org.

Rosenau, James N., "Governance, Order, and Change in World Politics", in James N. Rosenau and Ernst Otto Czempiel, eds., *Governance without Government: Order and Change in World Politics* (Cambridge: Cambridge University Press, 1992).

Sands, Philippe, "International Law in the Field of Sustainable Development: Emerging Legal Principles", in Winfried Lang, ed., *Sustainable Development and International Law* (London: Graham & Trotman, 1995).

Scully, Tucker, "Report on UNCED," in E. L. Miles and T. Treves, eds., *The Law of the Sea: New Worlds, New Discoveries,* Proceedings of the 26th Annual Conference of the Law of the Sea Institute, Genoa, Italy, 22-25 June 1992 (Honolulu: University of Hawaii, 1993).

Song Yann-Huei, "United States Ocean Policy: High Seas Driftnet Fisheries in the North Pacific Ocean", *Chinese Yearbook of International Law and Affairs,* Vol. 11 (1993).

Steiner, Henry J., "International Protection of Human Rights", in Malcolm D. Evans, ed., *International Law* (Oxford: Oxford University Press, 2003).

Stevenson, John R. and Oxman, Bernard H., "The Future of the United Nations Convention on the Law of the Sea", *American Journal of International Law*, Vol. 88 (1994).

Sydnes, Are K., "Regional Fishery Organization in Developing Regions: Adapting to Changes in International Fisheries Law", *Marine Policy*, Vol. 26 (2002).

Treves, Tullio, "The Protection of the Oceans in Agenda 21 and International Environmental Law", in L. Campiglio, *et al.*, eds., *The Environment after Rio: International Law and Economics* (London: Graham & Trotman, 1994).

Vannuccini, Stefania, "Overview of Fish Production, Utilization. Consumption and Trade" (FAO: Fishery Information, Data and Statistics Unit, May 2003). Ftp://ftp.fao.org/fi/stat/overview/2001/commodit/2001fisheryoverview.pdf.

Vicuña, F. O., "Towards an Effective Management of High Seas Fisheries and the Settlement of the Pending Issues of the Law of the Sea: The View of Developing Countries The Years After the Signature of the Law of the Sea Convention", in E. L. Miles and T. Treves, eds., *The Law of the Sea: New Worlds, New Discoveries*, Proceedings of the 26th Annual Conference of the Law of the Sea Institute, Genoa, Italy, 22-25 June 1992 (Honolulu: University of Hawaii, 1993).

Wessells, Cathy R., Johnston, Robert J., and Donath, H., "Assessing Consumer Preferences for Ecolabeled Seafood: The Influence of Species, Certifier and Household Attributes", *American Journal of Agricultural Economics*, Vol. 81 (1999).

Worm, Boris, *et. al.*, "Impacts of Biodiversity Loss on Ocean Ecosystem Services", *Science,* Vol. 314, No. 5800 (3 November 2006).

Books

Abi-Saab, Georges, *The Concept of International Organization* (Paris: UNESCO, 1981).

Anand, R. P., *Origin and Development of the Law of the Sea* (The Hague: Martinus Nijhoff Publishers, 1983).

Archer, Clive, *International Organizations* (London and New York: Routledge, 2001).

Bennett, A. L. and Oliver, J. K., *International Organizations: Principles and Issues*, 7th edition (Saddle River, New Jersey: Person Education Inc., 2002).

Brownlie, Ian, *Principles of Public International Law*, 5th ed. (Oxford: Clarendon Press, 1998).

Burke, William T., *The New International Law of Fisheries: UNCLOS 1982 and Beyond* (Oxford: Clarendon Press, 1994).

Campiglio, L., et al., eds., *The Environmental after Rio: International Law and Economics,* London: Graham & Trotman, 1994).

Carlsnaes, Walter, Risse, T. and Simmons, Beth A., *Handbook of International Relations* (London: SAGE Publications, 2002).

Chen, Chen-Ju, *Fisheries Subsidies under International Law* (Berlin: Springer, 2010).

Churchill, R. R. Churchill and Lowe, A. V., *The Law of the Sea* (Manchester University Press, 1999).

Clingan, T. A., Jr. and Kolodkin, A. L., eds., *Moscow Symposium on the Law of the Sea*, Proceedings of a Workshop Co-sponsored by the Law of the Sea Institute, 28 November - 2 December 1988 (Honolulu: University of Hawaii, 1991).

David Freestone and T. Ijlstra, eds., *The North Sea: Perspectives on Regional Environmental Cooperation* (London: Graham & Trotman, 1990).

Deere, Carolyn, *Eco-Labelling and Sustainable Fisheries* (Rome: FAO, 1999).

Evans, Malcolm D., ed., *International Law* (Oxford: Oxford University Press, 2003).

Freestone, David and Hey, Ellen, eds., *The Precautionary Principle and International Law: the Challenge of Implementation* (The Hague: Kluwer Law International, 1996).

Held, David & McGrew, Anthony, eds., *Governing Globalization: Power, Authority and Global Governance* (Cambridge: Polity Press, 2002).

Held, David and Koenig-Archibugi, Mathias, eds., *Taming Globalization: Frontiers of Governance* (Oxford: Polity Press, 2003).

Hey, Ellen, ed., *Developments in International Fisheries Law* (The Netherlands: Kluwer Law International, 1999).

Hey, Ellen, *The Regime for the Exploitation of Transboundary Marine Fisheries Resources* (Dordrecht: Martinus Nijhoff Publishers, 1989).

Hosch, Gilles, *Analysis of the Implementation and Impact of the FAO Code of Conduct for Responsible Fisheries since 1995*, FAO Fisheries and Aquaculture Circular No. 1038 (Rome: FAO, 2009).

IUCN, UNEP, and WWF, *Caring for the Earth: A Strategy for Sustainable Living* (Switzerland: Gland, 1991).

Jennings, Sir Robert and Watts, Sir Arthur, eds., *Oppenheim's International Law*, Vol. 1, Parts 2 to 4, 9th Edition (London and New York: Longman, 1992).

Lang, Winfried, ed., *Sustainable Development and International Law* (London: Graham & Trotman, 1995).

Maxwell, S. and Frankenberger, T. R., eds. *Household Food Security: Concepts, Indicators, Measurements: A Technical Review* (New York and Rome: UNICEF and IFAD, 1992).

Miles, E. L. and Treves, T., eds., *The Law of the Sea: New Worlds, New Discoveries*, Proceedings of the 26th Annual Conference of the Law of the Sea Institute, Genoa, Italy, 22-25 June 1992 (Honolulu: University of Hawaii, 1993).

Mooney, Annabelle and Evans, Betsy, *Globalization: The Key Concepts* (London and New York: Routledge, 2007).

Northridge, Simon P., *Driftnet Fisheries and Their Impacts on Non-Target Species: A Worldwide Review*, FAO Fisheries Technical Paper, No. 320 (Rome: FAO, 1991).

Pease, Kelly-Kate, *International Organizations: Perspectives on Governance in the Twenty-First Century*, 2nd edition (New Jersey: Prentice Hall, 2003).

Rosenau, James N. and Czempiel, Ernst Otto, eds., *Governance without Government: Order and Change in World Politics* (Cambridge: Cambridge University Press, 1992).

Ross, Michael R., *Fisheries Conservation and Management* (New Jersey: Prentice Hall, 1997).

Segger, Marie-Claire Cordonier and Khalfan, Ashfaq, *Sustainable Development Law: Principles, Practices, & Prospects* (Oxford: Oxford University Press, 2004).

Segger, Marie-Claire Cordonier and Khalfan, Ashfaq, *Sustainable Development Law: Principles, Practices, and Prospects* (Oxford: Oxford University Press, 2004).

Shaw, Malcolm N., *International Law*, 4th edition (Cambridge: Cambridge University Press, 1997).

Sitarz, Daniel, *Agenda 21: The Earth Summit Strategy to Save Our Planet* (Boulder, Colorado: Earth Press, 1994).

Soons, A. H. A., ed., *Implementation of the Law of the Sea Convention Through International Institutions*, Proceedings of the 23rd Annual Conference of the Law of the Sea Institute, 12-15 June 1989, Noordwijk aan Zee (The Netherlands, Honolulu: University of Hawaii, 1990).

Taylor, Paul, *International Organization in the Age of Globalization* (New York: Continuum, 2003).

The Commission on Global Governance, *Our Global Neighborhood* (Oxford: Oxford University Press, 1995).

United States, "Gist: High-Seas Driftnet Fishing", *US Department of State Dispatch* (Washington DC: U.S. Government Printing Office, 1992).

Westlund, Lena, *Guide for Identifying, Assessing and Reporting on Subsidies in the Fisheries Sector,* FAO Fisheries Technical Paper, No. 438 (Rome: FAO, 2004).

World Commission on Environment and Development, *Our Common Future* (Oxford: Oxford University Press, 1987).

社會科學類　AF0150

全球化、海洋生態與國際漁業法發展之新趨勢

作　　者 / 王冠雄
責任編輯 / 蔡曉雯
圖文排版 / 陳宛鈴
封面設計 / 蕭玉蘋

發 行 人 / 宋政坤
法律顧問 / 毛國樑　律師
印製出版 / 秀威資訊科技股份有限公司
114 台北市內湖區瑞光路 76 巷 65 號 1 樓
電話：+886-2-2796-3638　傳真：+886-2-2796-1377
http://www.showwe.com.tw
劃撥帳號 / 19563868　戶名：秀威資訊科技股份有限公司
讀者服務信箱：service@showwe.com.tw
展售門市 / 國家書店（松江門市）
104 台北市中山區松江路 209 號 1 樓
電話：+886-2-2518-0207　傳真：+886-2-2518-0778
網路訂購 / 秀威網路書店：http://www.bodbooks.com.tw
國家網路書店：http://www.govbooks.com.tw
圖書經銷 / 紅螞蟻圖書有限公司
114 台北市內湖區舊宗路二段 121 巷 28、32 號 4 樓
電話：+886-2-2795-3656　傳真：+886-2-2795-4100

2011 年 3 月 BOD 一版
定價：200 元

國家圖書館出版品預行編目

全球化、海洋生態與國際漁業法發展之新趨勢 /
王冠雄著. -- 一版. -- 臺北市 : 秀威資訊科技,
2011.03
面 ; 公分. -- (社會科學類 ; AF0150)
BOD 版
ISBN 978-986-221-699-6(平裝)

1. 漁業 2. 海洋資源保育 3. 國際法

438.023 100003265

讀者回函卡

感謝您購買本書，為提升服務品質，請填妥以下資料，將讀者回函卡直接寄回或傳真本公司，收到您的寶貴意見後，我們會收藏記錄及檢討，謝謝！

如您需要了解本公司最新出版書目、購書優惠或企劃活動，歡迎您上網查詢或下載相關資料：http:// www.showwe.com.tw

您購買的書名：________________________________

出生日期：________年________月________日

學歷：□高中(含)以下　□大專　□研究所(含)以上

職業：□製造業　□金融業　□資訊業　□軍警　□傳播業　□自由業

□服務業　□公務員　□教職　□學生　□家管　□其它_____

購書地點：□網路書店　□實體書店　□書展　□郵購　□贈閱　□其他

您從何得知本書的消息？

□網路書店　□實體書店　□網路搜尋　□電子報　□書訊　□雜誌

□傳播媒體　□親友推薦　□網站推薦　□部落格　□其他__________

您對本書的評價：（請填代號　1.非常滿意　2.滿意　3.尚可　4.再改進）

封面設計____　版面編排____　內容____　文／譯筆____　價格____

讀完書後您覺得：

□很有收穫　□有收穫　□收穫不多　□沒收穫

對我們的建議：________________________________

____

____

____

請貼
郵票

11466
台北市內湖區瑞光路 76 巷 65 號 1 樓
秀威資訊科技股份有限公司 收
BOD 數位出版事業部

（請沿線對折寄回，謝謝！）

姓　　名：＿＿＿＿＿＿＿＿　年齡：＿＿＿＿　性別：□女　□男

郵遞區號：□□□□□

地　　址：＿＿＿＿＿＿＿＿＿＿＿＿＿＿＿＿

聯絡電話：(日)＿＿＿＿＿＿＿＿＿＿(夜)＿＿＿＿＿＿＿＿＿＿

E-mail：＿＿＿＿＿＿＿＿＿＿＿＿＿＿＿＿